Die Neandertaler

Die Neandertaler
Eine Spurensuche

VON BÄRBEL AUFFERMANN UND JÖRG ORSCHIEDT

Sonderheft 2002 der Zeitschrift »Archäologie in Deutschland«

Die Deutsche Bibliothek – CIP-Einheitsaufnahme

Ein Titeldatensatz für diese Publikation ist bei
Der Deutschen Bibliothek erhältlich.

Umschlaggestaltung:
Atelier Jürgen Reichert, Stuttgart, unter Verwendung von Aufnahmen des
Neanderthal-Museums, Mettmann, sowie der Universität Zürich-Irchel

© Konrad Theiss Verlag GmbH, Stuttgart 2002
Alle Rechte vorbehalten
Produktion: Verlagsbüro Wais & Partner, Stuttgart
Gesamtherstellung: Druckerei Uhl, Radolfzell
Printed in Germany
ISBN 3-8062-1514-6

Inhalt

NEANDERTALER:
DIE GESCHICHTE IHRER
ENTDECKUNG 9
   Im Neandertal fing alles an 9
   Das Image-Problem des
   Wilden Mannes 13
   Neues vom Neandertalerfund 15

EIN KURZER ABRISS DER
MENSCHHEITSGESCHICHTE 17
   Die Wiege der Menschheit 17
   Die ersten Menschen in Europa 26
   Die Entstehung der Neandertaler 27
   Die Entstehung des anatomisch . . . . .
   modernen Menschen 28
   Genetik und die Rekonstruktion
   der Menschheitsgeschichte 30

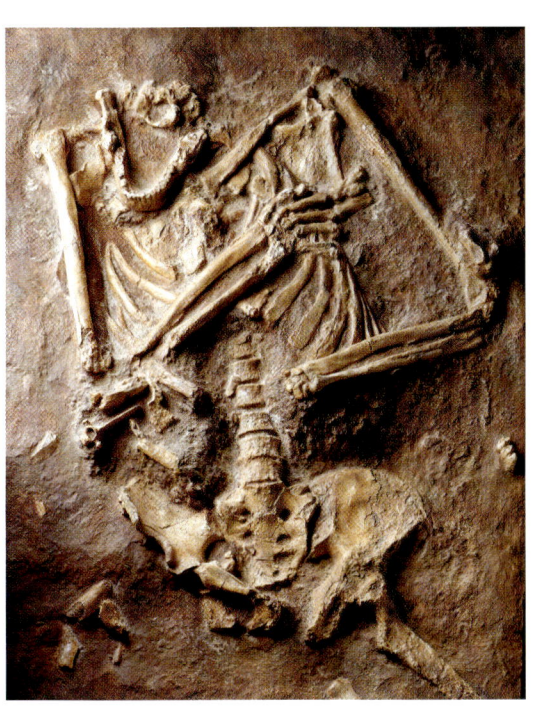

DAS AUSSEHEN DER
NEANDERTALER 32
   Die »typischen« Neandertaler:
   ein ideales Konstrukt 34
   Neandertaler und anatomisch moderne
   Menschen: die unscharfe Trennlinie . . . 37
   Sind wirklich alle Neandertaler
   gleich? 39
   Männlich oder weiblich? 41
   Den Neandertalern ins Gesicht
   geschaut: Rekonstruktionen 43
   Sprachfähigkeit 47

WIE LEBTEN DIE NEANDERTALER 49	**DAS ENDE DER NEANDERTALER** 84
Lebensraum 49	Die Chronologie und kulturelle Entwicklung des Übergangs 84
Mobilität und Flexibilität 51	Ein komplexer Prozess 85
Werkzeuge 54	...und die Menschen? 87
Großwildjäger 56	Verwandtschaft und die Frage der Vermischung 92
Lebenserwartung 63	Das Kind von Lagar Velho 92
Krankheiten 65	Neandertaler und Paläogenetik 93
Hinweise auf rituelles Verhalten 68	Die Ebro-Grenze und das Schicksal der Neandertaler 95
Pigmente und Farben 70	Was ist mit den Neandertalern geschehen? 96
Bärenkult 71	
Bestattungen 72	
Beigaben und Hinweise auf Totenrituale 75	Datierungsmethoden in der Archäologie 98
Waren die Neandertaler Kannibalen? 82	Literatur 101
	Glossar 104
	Bildnachweis 106
	Internet-Tipps 107
	Neanderthal Museum 108
	Danksagung 110
	Die Autoren 110

Vorwort

Neandertalerforschung heute – Neue Antworten auf alte Fragen?

In den letzten zwei Jahrzehnten ist die Neandertalerforschung heftig in Bewegung geraten. Neue Funde, neue Datierungen und neue Analysetechniken rütteln an dem alten wissenschaftlichen Weltbild. Neandertaler werden chronologisch immer jünger und bewegen sich inzwischen auf dem zeitlichen Niveau des entwickelten Jungpaläolithikums. Die von Archäologen definierte, kulturelle Grenze zwischen dem Mittel- und Jungpaläolithikum ist nicht mehr deckungsgleich mit der von Anthropologen definierten, biologischen Grenze zwischen Neandertalern und anatomisch modernen Menschen. Die im Vorderen Orient bereits bekannte chronologische Überlappung der beiden eiszeitlichen Menschenformen ist auch in Europa nicht mehr von der Hand zu weisen. Diesen archäologischen Befunden stehen scheinbar unvereinbare paläogenetische Ergebnisse gegenüber, die Neandertaler und anatomisch moderne Menschen als zwei unvereinbare biologische Formen interpretieren. Zweifel an dieser paläogenetischen Deutung auf extrem schmaler Datenbasis sind beim aktuellen Forschungsstand angebracht.

Denn die archäologischen Realia zeigen den Neandertaler heute als einen voll entwickelten Menschen mit archaischer Morphologie und modernem Verhalten. Gerade die neuen wissenschaftlichen Rekonstruktionen von Neandertalern machen deutlich: Dieser andere Mensch der Eiszeit war uns auch in seinem äußeren Erscheinungsbild erstaunlich ähnlich. Der anatomisch moderne Mensch, der nach Europa einsickerte und dem Neandertaler in der Weite der eiszeitlichen Graslandschaft begegnete, hatte keine Chance Neandertaler als Neandertaler zu erkennen. Er begegnete einem alteingesessenen Europäer, dessen kulturelle Fähigkeiten den seinen entsprachen, dessen Morphologie aber aus bisher ungeklärten Gründen im Laufe von 10 000 oder 15 000 Jahre allmählich aus den Populationen Alteuropas verschwand.

Prof. Dr. Gerd-C. Weniger
Direktor des Neanderthal Museums

Neandertaler:
Die Geschichte ihrer Entdeckung

Im Neandertal fing alles an

Im Jahre 1856 fanden Steinbrucharbeiter im Neandertal bei Düsseldorf Knochen eines Skelettes, das später weltberühmt werden und einer ganzen Menschenart den Namen geben sollte. Der Fund stand in Zusammenhang mit Steinbrucharbeiten zum Kalkabbau, der das Tal in der zweiten Hälfte des 19. Jahrhunderts völlig zerstörte. Mit Hammer, Brecheisen und später auch mit Dynamit wurden die Talwände weggesprengt. Aus der wildromantischen, engen Schlucht entstand eine weite Steinwüste. Die Arbeiter bauten zunächst auf der linken Düsselseite ab. Zur Zeit der Entdeckung des Neandertalers stand die Zerstörung des Tales erst an ihrem Anfang. Am rechten Düsselufer ragten noch die steilen Felswände empor. Ein letztes Zeugnis der Felsschlucht ist heute der Rabenstein.

Die unbekannten Arbeiter entfernten im August 1856 die Sedimentfüllung der Kleinen Feldhofer Grotte. Dieser Arbeitsgang ging den Sprengungen für den Kalkabbau voran. Die Arbeiter hackten den harten Lehm der Feldhofer Grotte

Mit Hammer, Brecheisen und später auch mit Dynamit bauten die Steinbrucharbeiter das Neandertal ab. Aus der engen Schlucht entstand eine weite Steinwüste. Neandertalkalk diente als Zuschlagstoff für die Herstellung von Roheisen.

Ein letztes Zeugnis der Felsschlucht ist heute der Rabenstein.

Bei diesem Gemälde von Paul Karl Themistokles von Eckenbrecher aus dem Jahre 1864 handelt es sich um eines der letzten authentischen Bilder der Neanderhöhle. Zum Zeitpunkt seiner Entstehung wurde der gegenüber der Höhlenöffnung gelegene Fels bereits abgebaut. Die Neanderhöhle war die größte der Höhlen im Neandertal, archäologische Funde sind aus ihr nicht bekannt.

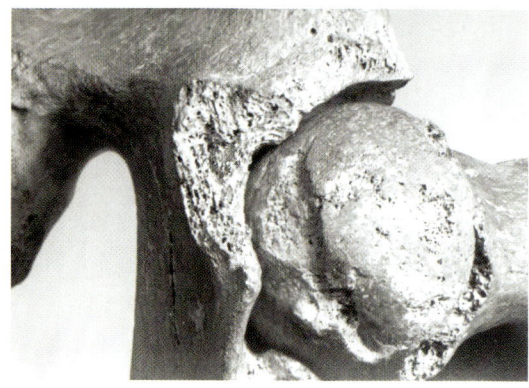

Korrespondierende Beschädigungen am Hüftgelenk und Oberschenkel des namengebenden Neandertalerskelettes. Die Defekte wurden durch die Werkzeuge der Steinbrucharbeiter bei der Freilegung verursacht und belegen, dass sich das Skelett bei der Auffindung im anatomischen Verband befunden haben muss.

Die Skelettreste des 1856 von Johann Carl Fuhlrott entdeckten Neandertalers. Auffallend ist vor allem das Fehlen kleinerer Skelettelemente, die sicherlich bei der Bergung im 19. Jahrhundert übersehen wurden.

los und warfen ihn in das Düsseltal. Während des Herausschaufelns bemerkten sie einige Knochen. Zuvor hatten sie bereits das Schädeldach und andere Skelettteile hinunter geworfen. Alle aufgefundenen Knochen wurden auf Veranlassung der Steinbruchbetreiber, die sie für Reste von Höhlenbären hielten, aufbewahrt und Ende des Monats Johann Carl Fuhlrott übergeben, dessen Interesse an fossilen Tierknochen bekannt war.

Über die genauen Fundumstände und Fundzusammenhänge ist lediglich bekannt, dass die Lehmschicht in der Höhle ca. 1,50–1,80 m dick war und sich das Skelett 0,60 m unterhalb der Oberfläche mit dem Kopf zum Höhleneingang in vermutlich gestreckter Rückenlage befand. Für eine ungestörte Lage des Skelettes im anatomischen Verband sprechen die Hackspuren der Arbeiter an den Knochen, die z. B. vom Beckenknochen auf den einpassenden Gelenkkopf des Oberschenkels übergehen. Weitere Funde aus der Feldhofer Grotte, wie Faunenreste oder Steinartefakte, liegen aus dem Jahre 1856 nicht vor.

Die Entdeckungsgeschichte des Neandertalers kann nur im zeitgeschichtlichen Kontext verstanden werden. In Geschichtschroniken wird zum Jahr 1856 nicht nur die Entdeckung des Neandertalers genannt, sondern auch der Tod von Heinrich Heine und Robert Schumann sowie die Geburt von Siegmund Freud. Ein Chemie-Student entdeckte den ersten praktisch verwendeten künstlichen Farbstoff. Werner von Siemens legte zu dieser Zeit mit der Erfindung des elektrischen Dynamoprizips die Grundlage der industriellen Stromproduktion. In der Mitte des 19. Jahrhunderts stand Europa am Beginn des Industriezeitalters. Neue Erkenntnisse in Wissenschaft und Technik sollten in den kommenden Jahrzehnten die Gesellschaften grundlegend verändern und Weltbilder zum Wanken bringen.

Drei Jahre nach der Entdeckung des Skelettes vom namengebenden Fundort im Neandertal, 1859, erschien Charles Darwins Werk »On the Origin of Species«, in dem er die Evolutionstheorie darlegte. Darwin hatte eine prägende fünfjährige Forschungsreise mit dem Schiff »Beagle« nach Südamerika und Ostindien unternommen. Seine Evolutionstheorie gründete auf den während der Reise gesammelten Informationen, vor allem der Beobachtung der Galapagos-Finken. Nach seiner Theorie begünstigt die natürliche Variation das Überleben bestimmter, an die Umwelt am besten angepasster Arten. Zur menschlichen Entstehungsgeschichte äußerte er sich zwar sehr zurückhaltend mit nur einem Satz: »Licht wird auch fallen auf den Ursprung des Menschen und seine Geschichte«, doch auch dieser eine Satz reichte aus, um heftige Debatten auszulösen. Evolution, vor allem die des Menschen, erschien Wissenschaftlern wie Theologen unvorstellbar. Konkreter wurde Darwin erst im Jahr 1871 in »The Descent of Man«. Karikaturen aus zeitgenössischen Zeitungen zeigen, wie populär das Thema aufgegriffen wurde.

Die Erkenntnis, dass der Mensch nicht das Produkt eines einmaligen Schöpfungsaktes, sondern eines langen Entwicklungsprozesses ist, war seit dem 18. Jahrhundert gereift.

Pflanzliche und tierische Fossilien wurden ab dem 18. Jahrhundert als Überreste ausgestorbener Organismen erkannt. Zur Erklärung dieses Sachverhaltes wurden unterschiedliche Theorien entwickelt. Georges Cuvier vertrat zu Anfang des 19. Jahrhunderts die Katastrophentheorie, welche die Fossilgeschichte als Folge von Schöpfungen und deren Zerstörung erklärte. Sein Zeitgenosse

Chevalier de Lamarck hingegen sprach als Erster von einer kontinuierlichen Veränderung der Arten. Charles Lyell begründete in den 30er-Jahren des 19. Jahrhunderts die moderne Geologie und erkannte das hohe Alter der Erde und des Lebens. In den 40er-Jahren sprach Jacques Boucher de Perthes erstmals Faustkeile aus Abbeville als von ›vordiluvialen‹ Menschen angefertigte Werkzeuge an.

Johann Carl Fuhlrott ein Lehrer und Naturforscher, erkannte, als er zur Begutachtung der Knochen ins Neandertal gerufen wurde, sogleich deren Bedeutung: Dass es sich um die Überreste eines eiszeitlichen Menschen handele.

Die Wuppertaler Tageszeitung »Barmer Bürgerblatt« meldete am 9. September 1856 auf der Titelseite:

»Mettmann, 4. Sept. Im benachbarten Neanderthal, dem so genannten Gesteins, ist in den jüngsten Tagen ein überraschender Fund gemacht worden. Durch das Wegbrechen der Kalkfelsen, das freilich vom pittoresken Standpunkte nicht genug beklagt werden kann, gelangte man in eine Höhle, welche im Laufe der Jahrhunderte durch Thonschlamm gefüllt worden war. Bei dem Hinwegräumen dieses Thons fand man ein menschliches Gerippe, das zweifelsohne unberücksichtigt und verloren gegangen wäre, wenn nicht glücklicherweise Dr. Fuhlrott von Elberfeld den Fund gesichert und untersucht hätte.
Nach Untersuchung dieses Gerippes, namentlich des Schädels, gehörte das menschliche Wesen zu dem Geschlechte der Flachköpfe, deren noch heute im amerikanischen Westen wohnen, von denen man in den letzten Jahren auch mehrere Schädel an der oberen Donau bei Siegmaringen gefunden hat. Vielleicht trägt dieser Fund zur Erörterung der Frage bei: ob diese Gerippe einem mitteleuropäischen Urvolke oder bloß einer (mit Attila?) streifenden Horde angehört haben.«

Wahrscheinlich auf die Presseveröffentlichungen des Fundes hin schrieben die Bonner Anatomen Herrmann Schaaffhausen und Franz Josef Carl Mayer an Fuhlrott und äußerten ihr Interesse, die Knochen näher zu untersuchen. Als Fuhlrott im Winter 1856/57 nach Bonn reiste, war Mayer erkrankt und überließ Schaaffhausen die Beurteilung der Funde.

Der Anatom Schaaffhausen bot dem Geologen Fuhlrott den nötigen fachlichen Rückhalt, um das Skelett aus dem Neandertal der Fachwelt vorzustellen. Am 2. Juni 1857 präsentierten sie es in Bonn vor dem Naturhistorischen Verein der preussischen Rheinlande und Westphalens. Der Vortrag wurde noch im gleichen Jahr publiziert. Schaffhausen beschreibt die Anatomie der Knochen und pathologische Veränderungen, wie z. B. das verkrüppelte linke Ellenbogengelenk. Er hielt es für möglich, dass das Skelett aus dem »Diluvium« stammt, legte sich in der Altersfrage aber nicht fest. 1858 schrieb er, dass die Knochen aus dem Neandertal »für das älteste Denkmal der früheren Bewohner Europas gehalten werden dürfen« (1858, 181). Schaaffhausen hatte bereits 1853 einen Artikel »Über Beständigkeit und Umwandlung der Arten« geschrieben. Der Gedanke einer Entwicklung der Arten, einschließlich des Menschen, war ihm nicht neu. Dem Zeitgeist entsprechend, glaubte er an eine Entwicklung vom »niederen« zum »höheren«, wobei er andere Völker

Johann Carl Fuhlrott erkannte sogleich die Bedeutung der Skelettreste aus dem Neandertal: dass es sich um die Überreste eines Menschen aus der Eiszeit handelte. Erst nach seinem Tode wurde dies allgemein akzeptiert.

Der Bonner Anatom Hermann Schaaffhausen war einer der wenigen Wissenschaftler, der Fuhlrott unterstützte und mit ihm gemeinsam den Skelettfund präsentierte.

Das Barmer Bürgerblatt vom 9. September 1856 meldet den Skelettfund auf der Titelseite.

Drei Jahre nach der Entdeckung stellte Fuhlrott den Skelettfund in einer wissenschaftlichen Abhandlung vor.

(»Neger« und »Australier«) auf einem niedrigeren Entwicklungsstand zurückgeblieben wähnte.

Fuhlrott legte seine Beschreibung des Fundes, der Fundumstände sowie des Fundortes erst 1859 vor. Er äußert sich in der Altersfrage weitaus sicherer als Schaaffhausen: »Der Fund besteht in einer Anzahl zusammengehöriger menschlicher Gebeine, die durch die Eigenthümlichkeit ihres osteologischen Charakters und die localen Bedingungen ihres Vorkommens zu der Ansicht verleiten können, dass sie aus der vorhistorischen Zeit, wahrscheinlich aus der Diluvialperiode stammen und daher einem urtypischen Individuum unseres Geschlechts einstens angehört haben.«

Die deutsche Fachwelt reagierte mit großer Ablehnung auf die These, dass die Knochen eine ausgestorbene Menschenform repräsentieren sollten. Sogar die Redaktion der Zeitschrift distanzierte sich in einer dem Artikel beigefügten Anmerkung von Fuhlrotts Thesen.

Auch Rudolf Virchow, einer der bedeutendsten Wissenschaftler seiner Zeit, vertrat die Auffassung, dass es sich um die krankhaft veränderten Knochen eines rachitischen heutigen Menschen handele. Virchow war Anatom und Pathologe und Begründer der Zellularpathologie. Er verfocht die klinische Beobachtung und legte größten Wert auf Faktengenauigkeit. Virchow war zudem politisch aktiv. Er nahm an der Märzrevolution von 1848 teil und begründete die oppositionelle Deutsche Fortschrittspartei. Er war erbitterter Gegner Bismarcks und kämpfte gegen soziale Missstände und die Vorherrschaft der Kirche. Seine medizinischen Forschungen, sein politisches und soziales Engagement und sein Interesse für Archäologie, Anthropologie und Ethnologie machten ihn zu einer der wichtigsten Forscherpersönlichkeiten des ausgehenden 19. Jahrhunderts. Rudolf Virchow stand der Evolutionstheorie von Charles Darwin zunächst aufgeschlossen gegenüber. Er warnte jedoch vor voreiligen Schlussfolgerungen aufgrund eines einzelnen Fundes. Durch seine Autorität verhinderte Virchow in Deutschland bis zu seinem Tod im Jahre 1902 jede weiterführende Diskussion. Er änderte seine Meinung auch nicht, als in Europa weitere Schädel und Skelettreste entdeckt wurden, die große Ähnlichkeiten mit dem Fund aus dem Neandertal aufwiesen.

George Busk übersetzte Schaaffhausens anatomische Beschreibung bereits 1861 ins Englische. Damit wurde der Fund auch im englischsprachigen Raum bekannt. Im Jahre 1860 besuchte der englische Geologe Charles Lyell in Begleitung von Fuhlrott das Neandertal. In seinem 1863 erschienenen Werk »The geological evidence of the antiquity of man« geht er ausführlich auf den Neandertaler-Fund ein. Bezüglich der Interpretation des Fundes stimmt er mit Fuhlrott überein. Aus diesem Werk stammt die einzige zeitgenössische Zeichnung zur Topografie der Fundstelle, ein Talquerschnitt auf Höhe der Feldhofer Grotte. Thomas Henry Huxley, der redegewandte Naturforscher und Verfechter des Darwinismus, verglich die Fossilien aus dem Neandertal in einem Aufsatz aus dem Jahre 1863 mit dem Schädel von Engis in Belgien, der bereits 1830 entdeckt worden, aber unbeachtet geblieben war. Er stützte seine Untersuchung auf Gipsabgüsse der Originale. Er bekräftigte seine These, dass der Mensch und seine Vorfahren zu den Primaten gehören.

Rudolf Virchow war zu seiner Zeit einer der bekanntesten deutschen Wissenschaftler. Er war entschieden anderer Meinung als Fuhlrott. Durch seine Autorität verhinderte er über Jahrzehnte, dass das Alter der Funde allgemein akzeptiert wurde.

Diese Skizze des englischen Geologen Lyell ist die einzige zeitgenössische Darstellung des Talprofiles mit Feldhofer Grotte des heute zerstörten Neandertals.

a Höhle 60 Fuß über der Düssel und 100 Fuß von der Hochfläche
b Lehmablagerungen in der das Skelett knapp oberhalb des Bodens entdeckt wurde
c Spalt zwischen der Höhle und der Hochfläche
d Sandiger Lehm der Hochfläche
e Devonischer Kalkstein
f Felskante
g Düssel

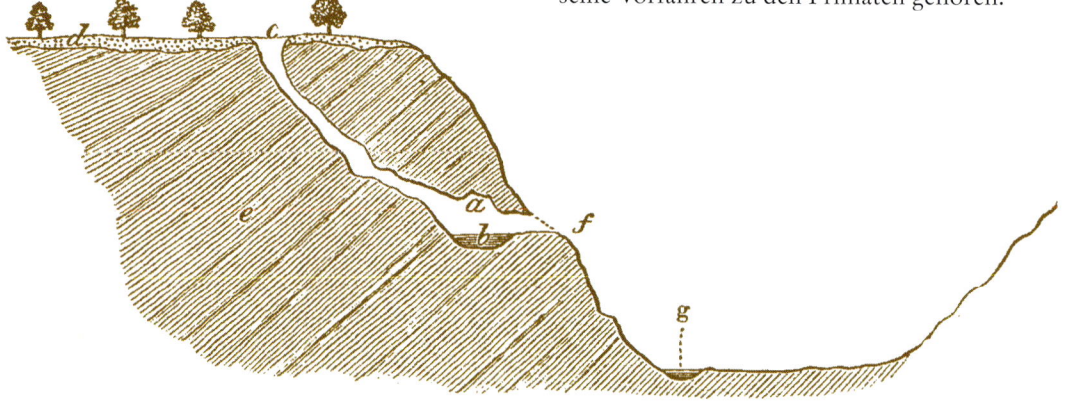

William King, Professor im irischen Galway und Schüler von Lyell, erklärte die Fossilien aus dem Neandertal 1864 zu Überresten einer neuen menschlichen Spezies, des *Homo neanderthalensis*. Er rechnete sie bewusst nicht zur Art des *Homo sapiens* und ging später sogar so weit, sie auch nicht mehr der Gattung *Homo* zuzuordnen.

Während die menschlichen Fossilien noch auf ihre allgemeine Anerkennung warten mussten, begann die Prähistorie bereits, sich als Wissenschaft zu etablieren. Als einer ihrer Pioniere gilt der Franzose Edouard Lartet. Die Ausgrabungen, die er gemeinsam mit dem Engländer Henry Christy in den frühen 1860er-Jahren in Abris in und um Les Eyzies in Südwestfrankreich unternahm, belegten die Gleichzeitigkeit der von Menschen hergestellten Steinwerkzeuge mit eiszeitlichen Tierarten wie Rentier, Mammut und Höhlenbär. Der schlagendste Beweis war die Ritzzeichnung eines Mammuts auf einem Stück Mammutelfenbein, die 1864 im Abri La Madeleine gefunden wurde. Die Arbeiten von Lartet und Christy setzten eine Flut von Ausgrabungen in Gang, bei denen mit nach heutigen Maßstäben unwissenschaftlichen Methoden gewaltige Fundmengen geborgen wurden.

Mit der Etablierung der Prähistorie war es nur noch eine Frage der Zeit, wann die Neandertaler als ausgestorbene Menschenform Anerkennung finden würden. Die Entdeckung weiterer, vergleichbarer Fossilien gab den Befürwortern schließlich die notwendigen Beweise an die Hand. Im Jahre 1886 fanden Marcel De Puydt und Max Lohest in der Höhle Spy in Belgien zwei fast vollständig erhaltene Skelette des Neandertalers. Sie waren so gut dokumentiert und den Resten aus dem Neandertal sowie dem bereits 1866 entdeckten Unterkiefer von La Naulette und dem 1848 gefundenen Schädel von Gibraltar so ähnlich, dass sie nicht ignoriert werden konnten. Zahlreiche Forscher gewannen die Überzeugung, dass es nicht nur einzelne Individuen mit den speziellen anatomischen Merkmalsausprägungen gegeben hatte, sondern eine ganze fossile Menschenart. William Kings Bezeichnung *Homo neanderthalensis* lebte wieder auf und die Bezeichnung »Neandertaler« wurde geläufig. Die letzten Zweifler verstummten mit der Entdeckung weiterer Fossilien: Hunderte von Knochen wurden um die Jahrhundertwende aus der Höhle Krapina in Kroatien geborgen, 1908 legte Otto Hauser das Skelett von Le Moustier frei und ebenfalls 1908 wurde das Skelett von La Chapelle-aux-Saints entdeckt. Zudem fällt in diese Zeit die Diskussion um eine weitere fossile Menschenart, die den Neandertaler vorübergehend in den Hintergrund drängte: 1891 hatte Eugène Dubois in Trinil auf Java fossile Menschenreste gefunden, die er als *Pithecanthropus erectus* bezeichnete.

Sowohl die Erstbearbeiter der Skelette von Spy, Julien Fraipont und Max Lohest, als auch der Erstbearbeiter des Mannes von La Chapelle, Marcellin Boule, rekonstruierten die ihnen vorliegenden Skelette als primitiv, in gebeugter Haltung stehend und gehend. Sie trugen damit entscheidend zum Image-Problem bei, unter dem Neandertaler bis heute leiden.

Das Image-Problem des Wilden Mannes

Den Grundstein für die Rezeptionsgeschichte der Neandertaler legte bereits Schaaffhausen im Jahre 1857 mit seinen Ausführungen in der ersten Beschreibung des namengebenden Skelettes aus dem Neandertal in den »Verhandlungen des naturhistorischen Vereines der preussischen Rheinlande und Westphalens«. Sein Denken war von dem zu der Zeit verbreiteten Rassegedanken geprägt. Er sah nicht alle rezenten Völker auf der gleichen Stufe der Entwicklung und schrieb: »Andeutungen dieser auffallenden und thierischen Stirnbildung […] kommen nicht selten an den Köpfen wilder Völker vor«. Derartige Vergleiche führte er 1858 in seinem Beitrag »Zur Kenntnis der ältesten Rasseschädel« noch weiter aus. Hier wird überdies seine Überzeugung deutlich, dass

In Karikaturen wie dieser wurde Charles Darwin von seinen Zeitgenossen verspottet. Die Menschen glaubten größtenteils noch an die biblische Schöpfungslehre, eine Verwandtschaft von Menschen und Affen war für sie undenkbar.

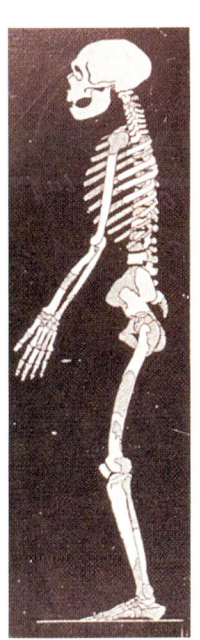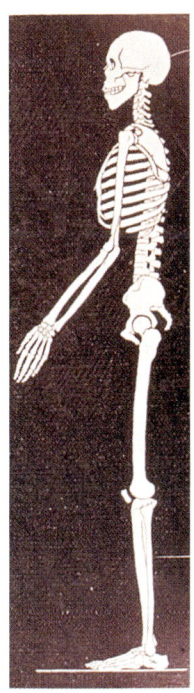

Der französische Anthropologe Marcellin Boule verglich das Skelett des Neandertalers mit dem eines australischen Ureinwohners. Dies sollte die Primitivität der Neandertaler unterstreichen.

Auf dieser Zeichnung sind alle Elemente der Vorstellung vom Wilden Mann vereint. Haarige Nacktheit, Keule, Höhlennähe und furchterregender Gesichtsausdruck. Die Zeichnung entstand unmittelbar nach der Entdeckung des Skelettes von La Chapelle-aux-Saints im Jahre 1909.

Im alten Neanderthal Museum war eine Neandertalerfigur im modernen Straßenanzug zu sehen. Dies sollte seine Nähe zum anatomisch modernen Menschen betonen.

aus der Schädelform auf die Intelligenz geschlossen werden könne: »Seine Bildung zeigt jene geringe Entwickelung des Vorderkopfes, die so häufig schon an sehr alten Schädeln gefunden wurde und einer der sprechendsten Beweise für den Einfluss der Cultur und Civilisation auf die Gestalt des menschlichen Schädels ist.« (1858, 174). Eine hohe Stirn sei demnach Zeichen von Intelligenz, ein Merkmal, das prähistorischen Schädeln, wie auch denen von Menschenaffen, »Negern« und »Australiern« fehle. Schaaffhausen äußerte sich sogar zum Gesichtsausdruck des Neandertalers – ungeachtet der Tatsache, das lediglich das Schädeldach erhalten geblieben ist : »[…] starkes Vortreten der Augenbrauengegend […] dem menschlichen Antlitz einen ungemein wilden Ausdruck gegeben haben muss. Man darf diesen Ausdruck einen thierischen nennen.« (1858, 181). Somit waren bereits 1857, nur ein Jahr nach der Entdeckung der Skelettreste und noch vor der Anerkennung des Fundes als Überreste einer ausgestorbenen Menschenart, die Weichen gestellt für das Bild vom Neandertaler: dumm, wild, tierisch. In seiner ausführlichen Fundvorlage von 1888 bildet Schaaffhausen eine vom Bonner Maler Philippart nach seinen Angaben angefertigte Rekonstruktionszeichnung des Neandertalerkopfes ab (1888, 34). Der Neandertaler wurde als Bindeglied zwischen Affen und Menschen gesehen und musste dementsprechend äffisch dargestellt werden.

Es war zunächst der Schädel, der das Bild vom Neandertaler prägte. Ein Grund dafür war die Popularität der **Phrenologie,** die davon ausging, dass von der Schädelform auf den Charakter eines Menschen geschlossen werden könne. Demnach mussten Neandertaler wenig intelligente, brutale Kreaturen gewesen sein. Als nachteilig für den Ruf der Neandertaler wirkten sich weiterhin Funde von Einzelknochen wie des Unterkiefers von La Naulette aus, die als Reste von Kannibalenmahlzeiten interpretiert wurden.

Zwischen 1911 und 1913 veröffentlichte Marcellin Boule seine Untersuchung des Skelettes von La Chapelle-aux-Saints. Nach seiner Interpretation sollte sich die Körperhaltung der Neandertaler wesentlich von der moderner Menschen unterscheiden. Sie hatten gebeugte Knie und eine abgeknickte Halswirbelsäule, was ihnen die Befähigung zum aufrechten Gang unmöglich machte. Diese Deutungen beruhen auf einer Fehlinterpretation der arthritischen Veränderungen an den Knochen von La Chapelle-aux-Saints. Er verglich darüberhinaus das Skelett des Neandertalers mit dem eines modernen australischen Ureinwohners, die nach damals gängiger Meinung die primitivsten aller lebenden Menschen sein sollten. Die großen Unterschiede, die sich nach seiner Rekonstruktion zwischen Neandertaler und Australier ergaben, ließen auf eine besonders große Primitivität der Neandertaler schließen.

In der Folge der Rekonstruktion des Mannes von La Chapelle fand eine Rekonstruktionszeichnung in Frankreich und England weite Verbreitung, die eine affenähnliche, behaarte Kreatur zeigt, die mit einer Keule bewaffnet hinter einem Felsvorsprung lauert. Diese und ähnliche Abbildungen prägten das Bild vom Neandertaler. Als fast typische Attribute galten neben der Statur und der starken Behaarung die fehlende oder nur notdürftige Bekleidung sowie eine Keule. Darüberhinaus befinden sich die Neandertaler auf den Lebensbildern meist in der Nähe von Höhlen oder Felsüberhängen. Dieser Umstand ist sicher der Tatsache zuzuschreiben, dass die ersten urgeschichtlichen Funde – anthropologische wie archäologische – vor allem aus Höhlen und Abris stammten. Neandertaler wurden als reine Höhlenbewohner angesehen.

Einige dieser Merkmale, wie Keule, Nacktheit und Höhlennähe finden sich auch in jüngeren Bildern wieder. Diese Attribute machen den Mythos vom Wilden Mann aus, mit dem es für *Homo sapiens sapiens* möglich wird, sich von der Primitivität seiner Vorfahren abzugrenzen. Eine weltweite Verbreitung fanden seit den 1960er-Jahren die Illustrationen des tschechischen Malers Zdenek Burian. Seine Szenen prähistorischen Alltagslebens sind unzählige Male reproduziert und auch von anderen Illustratoren kopiert worden. In seinen Darstellungen kommt die Zwiespältigkeit zum Ausdruck, mit der sich die Rekonstrukteure urgeschichtlichen Lebens den Neandertalern nähern. Zum Beispiel die Szene »Vor einer Höhle lagernde Neandertaler (Kulna in Mähren)«: Im Hintergrund kauern Frauen und Kinder, im Vordergrund sehen wir Männer, die durch sich nähernde Wollnashörner aufgeschreckt sind. Einer der Männer ist wahrscheinlich der »Werkzeugmacher«, vor ihm liegen, wie in einer Museumsvitrine ausgebreitet, typische mittelpaläolithische Steinwerkzeuge, wie Faustkeil, Schaber und Spitze. Diese technischen Leistungen der Neandertaler, wie auch ihre offensichtliche Kommunikation untereinander, rückt sie in die Nähe zum modernen Menschen. Ganz anders jedoch ihre physische Erscheinung: Burian malt sie in gebückter Haltung, mit gebeugten Knien und stark behaart. Zudem versieht er sie mit der entscheidenden Requisite des wilden Mannes: der Keule. In einer weiteren Illustration in diesem Buch ist ein Neandertaler mit Keule abgebildet, die Abbildungsunterschrift lautet: »Die Keule war eine wirksame Waffe des Urmenschen«. Faszinierend: Obwohl es keinen einzigen archäologischen Nachweis für die Keule gibt, ist sie in der zweiten Hälfte des 20. Jahrhunderts längst zum Stereotyp geworden, wenn es um die Darstellung von Primitivität und die Abgrenzung zum modernen Menschen geht. Sie wird unreflektiert abgebildet und ebenso wie Nacktheit, gebeugte Haltung, Behaarung und Höhlennähe immer wieder kopiert. Auch die gebeugte Körperhaltung ist ein vergleichbares Stereotyp. Obwohl Untersuchungen am Skelett von La Chapelle-aux-Saints in den 1950er-Jahren Boule's Rekonstruktion widerlegten und zeigten, dass die Neandertaler sich vergleichbar den heutigen Menschen aufrecht hielten, wurde die gebückte Haltung weiter dargestellt.

»Todeskampf der Flachköpfe« titelte das Magazin *Der Spiegel* im Frühjahr des Jahres 2000. Im Stil einer Kriegsberichterstattung entwirft der Autor des Artikels das zeitgeschichtlich (Kosovo-Krieg) stark beeinflusste Szenario des Untergangs der Neandertaler als »ethnische Säuberung« durch den anatomisch modernen Menschen.

In Romanen und Filmen der zweiten Hälfte des 20. Jahrhunderts ist der Neandertaler die wilde Bestie, die den modernen Menschen bedroht. Doch es gibt auch Rekonstruktionen, die ihn näher zum heutigen Menschen rücken. Seit Carleton Coons Zeichnung eines Neandertalers in moderner Kleidung aus dem Jahr 1939 begegnet uns das Thema »Neandertaler im Anzug« immer wieder.

»Der Krieg der ersten Menschen« titelte *Der Spiegel* im März 2000 und schilderte im Stil einer Kriegsberichterstattung den »Todeskampf der Flachköpfe«. Die Abgrenzung zum Neandertaler ist den Menschen im 21. Jahrhundert noch genauso wichtig wie im 19. und 20. Jahrhundert. Werden wir jemals die Kränkung überwinden, dass vor langer Zeit andere Menschen erfolgreich in Europa lebten?

Neues vom Neandertalerfund

Nach dem Studium alter Abbildungen und Karten machten sich die Archäologen Ralf W. Schmitz und Jürgen Thissen im Jahre 1997 ans Werk, die Fundstelle des Neandertalerskelettes zu

In den Jahren 1997 und 2000 wurde im Bereich der ehemaligen Fundstelle im Neandertal eine Nachgrabung durchgeführt, bei der es gelang, Sedimentreste aus der Feldhofer Grotte und der Feldhofer Kirche zu lokalisieren. Dabei wurden über 60 menschliche Skelettfragmente sowie Steingeräte und Tierknochen geborgen.

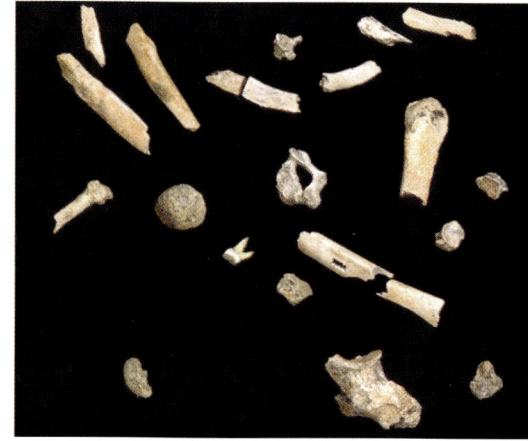

Die im Jahre 1997 aus dem Abraum geborgenen menschlichen Skelettreste, die aus der Fundstelle des Neandertalers und der Feldhofer Kirche stammen. Bislang ist noch unklar, ob alle Überreste von Neandertalern oder auch von anatomisch modernen Menschen stammen.

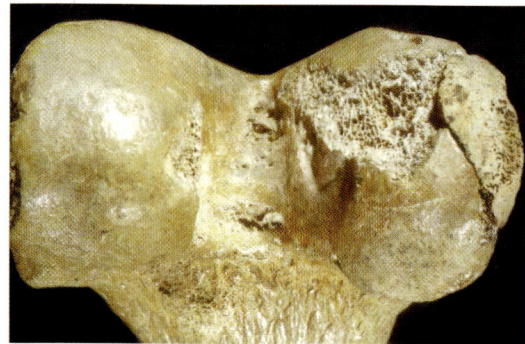

Im Jahre 1997 gelang es erstmals, ein im gleichen Jahr geborgenes Knochenfragment an das linke Kniegelenk des 1856 entdeckten Neandertalerskelettes anzupassen.

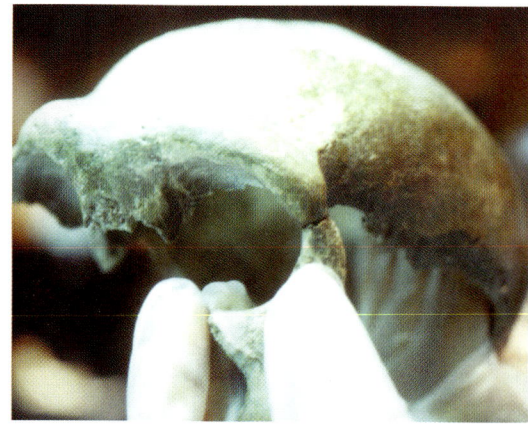

Eine weitere Anpassung an das Originalskelett gelang während der Grabung im Jahre 2000. Das linke Wangenbein konnte an die Schädelkalotte des Neandertalers angesetzt werden.

lokalisieren. In der Aufschüttung des ehemaligen Steinbruchgeländes entdeckten sie die Reste von zwei ehemaligen Höhlenfüllungen, die aus den beiden benachbarten Höhlen Feldhofer Grotte und Feldhofer Kirche stammen. Die Sedimente enthielten Steinwerkzeuge und Tierknochen. Es wurden 20 menschliche Knochenfragmente geborgen. Die beiden Entdecker haben ihre Untersuchungen im Jahr 2000 fortgeführt und weitere Menschenknochen sowie Tierknochen und Steinwerkzeuge gefunden.

Unter den im Jahre 1997 geborgenen 20 menschlichen Knochenfragmenten ist ein Splitter, der an das Neandertalerskelett von 1856 passt. Damit konnte eindeutig belegt werden, dass es sich bei der einen Höhlenfüllung um Material aus der Feldhofer Grotte handelt. Außerdem wurden Reste eines zweiten Individuums erkannt. Zwei Radiokarbondatierungen eines Oberarm- und eines Schienbeinfragmentes erbrachten ein Alter von etwa 44000 Jahren. Nach mt-DNA-Untersuchungen handelt es sich bei diesem Individuum ebenfalls um einen Neandertaler. Aufgrund der Grazilität der Knochen wahrscheinlich um eine Neandertalerin. Bei den Grabungsarbeiten im Jahr 2000 förderten die Archäologen 50 weitere Menschenknochen zu Tage. Durch den Fund eines Milchzahnes wurde ein drittes Individuum belegt.

Mit dem Fund eines Jochbeins (Os zygomaticum), das an die Schädelkalotte von 1856 passt, liegt erstmals ein Teil des Gesichts des namengebenden Fundes vor. Ein weiteres Fragment passt an das Parietale der Originalkalotte. Im Rahmen der neuen Untersuchungen wurde erstmals die absolute Datierung des namengebenden Fundes mittels der Radiokarbonmethode vorgenommen. Das 1856 entdeckte Skelett ist demnach ca. 40 000 Jahre alt.

Aus den ehemaligen Sedimenten der beiden benachbarten Höhlen Feldhofer Grotte und Feldhofer Kirche haben die Archäologen 1997 und 2000 neben Tier- und Menschenknochen auch Tausende von Steinwerkzeugen geborgen. Die Steinwerkzeuge stammen aus zwei verschiedenen Zeitabschnitten. Zum einen liegen typische Werkzeuge aus der Zeit der Neandertaler vor. Zum anderen kommen aber auch jüngere Werkzeugtypen vor. Die Ausgräber ordnen sie dem mittleren Jungpaläolithikum zu. Sie wären demnach etwa 25 000 Jahre alt.

Ein kurzer Abriss der Menschheitsgeschichte

Die Wiege der Menschheit

Die Erwartung, dass die **Paläoanthropologen** die Entstehung des Menschen lückenlos klären, wird sich zumindest in der nächsten Zeit nicht erfüllen. Dabei zeichnete sich noch vor einigen Jahren ein relativ grobes, aber dafür eindeutiges Bild ab:

Ausgehend von den **Australopithecinen** sollen sich die ersten Menschen in Afrika vor ca. 2,5 Millionen Jahren entwickelt haben. Da das Auftreten der ersten Vertreter der **Gattung Homo** zeitgleich mit dem Auftauchen der ersten eindeutig bearbeiteten Steinartefakte zusammenfiel, nannte man die damals neu entdeckte Art *Homo habilis*, der befähigte Mensch. Aus diesem wiederum entstand vor ca. 1,5 Millionen Jahren *Homo erectus*, der sich nach einiger Zeit in Richtung Asien und Europa verbreitete. Aus Übergangsformen, die als **archaischer** *Homo sapiens* bezeichnet wurden und die sich sowohl in Afrika, Asien als auch in Europa fanden, sollte der anatomisch moderne Mensch, *Homo sapiens sapiens* bzw. der **Neandertaler**, *Homo sapiens neanderthalensis* entstanden sein.

Obwohl dieses Bild in einigen Grundzügen noch heute besteht, ist die Vorstellung einer linearen Entwicklung zum heutigen Menschen einem wesentlich komplexerem Bild gewichen. Die Vorstellung, dass die zahlreichen Neufunde und Forschungsergebnisse der letzten 10 Jahre eine größere Klarheit erbracht haben, ist nicht zutreffend. Das Gegenteil ist der Fall. Die zahlreichen neuen und wichtigen Fossilfunde haben die Artenvielfalt unter den Vorfahren des Menschen zwar erhöht, aber auch eine Unmenge an neuen Fragen aufgeworfen, so dass der aktuelle menschliche **Stammbaum** mit vielen Fragezeichen und unklaren Übergängen versehen ist. Hinzu kommt, dass aufgrund des spärlichen **Fossilreportes**, der immer noch große Lücken aufweist, sich kaum zwei Paläoanthropologen finden lassen, die über eine bestimmte Version der zahlreichen Stammbaummodelle einer Meinung sind. Da weiterhin Neufunde entdeckt werden, wird die Diskussion spannend bleiben. Ein Hauptproblem und ein Hauptstreitpunkt neben der Bewertung der Stellung von bestimmten Fossilfunden innerhalb eines hypothetischen Stammbaumes ist die Zuweisung der einzelnen Funde, die häufig nur aus Knochenfragmenten bestehen, zu bereits existierenden oder neuen Arten. Einige Paläoanthropologen gehen davon aus, dass die Artenvielfalt noch um ein Vielfaches größer war als heute bekannt. Andere hingegen sind der Meinung, dass eine zu große Artenvielfalt herrscht, die künstlich kreiert wurde und man bei einigen Funden besser wieder zu einer zusammenfassenden Ordnung zurückkehren sollte. Die Schaffung neuer Artnamen wird häufig vor allem deshalb kritisiert, weil meist nur ein kleiner Ausschnitt der morphologischen Gestalt eines **Hominiden** – wie z. B. ein kleines Kieferfragment mit

Einfache Geröllgeräte waren die ersten Werkzeugformen des frühen Menschen.

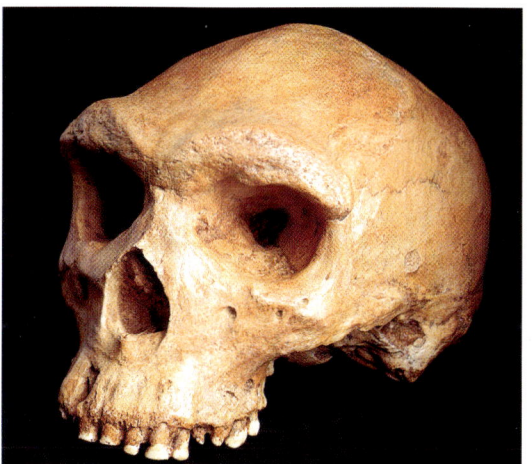

Der massive Schädel eines *Homo heidelbergensis* wurde bereits 1921 im damaligen Rhodesien, dem heutigen Sambia, bei Bergwerksarbeiten entdeckt. Der Schädel weist bereits eine relativ große Gehirnkapazität auf, lässt aber gleichzeitig im Gesichtsbereich noch archaische Merkmale erkennen.

Ein Lebensbild von *Australopithecus* und *Homo habilis*.

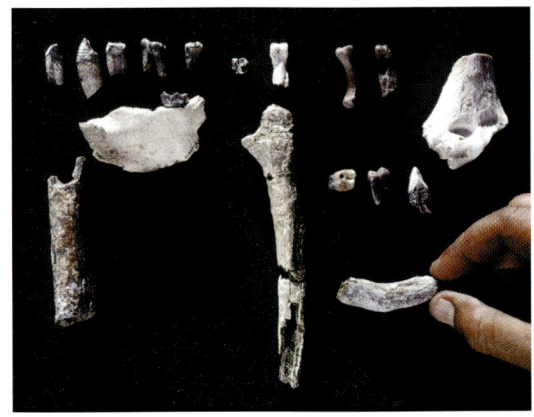

Überreste des erst 2001 entdeckten *Ardipithecus ramidus kaddaba*. Die Funde dieses sich auf zwei Beinen fortbewegenden Hominiden sind zwischen 5 und 6 Mill. Jahre alt und könnten die bisherige Vorstellung von der Entstehung des aufrechten Ganges revidieren.

Eine von Tim White ausgeführte Rekonstruktion eines Schädels des *Australopithecus afarensis*. Erst 1992 wurde ein vollständigerer Schädel in Äthiopien entdeckt. Die Art wurde durch den Fund des als »Lucy« bezeichneten Teilskelettes bekannt.

wenigen Zähnen – vorliegt und die Diskussionsbasis somit sehr gering ist. Zudem sind aufgrund der wenigen Funde keine genauen Informationen über Geschlechtsunterschiede oder Variabilität innerhalb einer Art bekannt. So werden, obwohl nur Ausschnitte der Skelette bekannt sind, die definierten Arten als verschiedene **Biospezies** behandelt. Als wesentliches Kennzeichen einer Biospezies wird jedoch die Fähigkeit vorausgesetzt, fruchtbare Nachkommen zu produzieren – ein in der Paläoanthropologie schwer beweisbarer Sachverhalt. Daher sehen viele Forscher den von ihnen definierten Artbegriff als eine Diskussionsgrundlage und die Möglichkeit, die entsprechenden Funde stärker zu differenzieren und auseinander zu halten, bis durch weitere Funde Kriterien auftauchen, die Gemeinsamkeiten oder Trennendes betonen.

Australopithecus afarensis wurde bekannt durch den Fund des zu 40% vollständigen Skelettes von Lucy aus Hadar in Äthiopien. Diese Art galt bis vor wenigen Jahren mit ca. 3,8 bis 3 Millionen Jahren als der älteste bekannte Vorfahre des Menschen. Innerhalb der letzten Jahre kamen jedoch mindestens drei weitere, noch ältere Arten hinzu: 1994 der ca. 4,2 Millionen Jahre alte Fund von *Australopithecus anamensis* und kurz darauf der 4,5 Millionen Jahre alte *Ardipithecus ramidus*. Ein Jahr zuvor wurde im Tschad, einer Region, die weit außerhalb des angenommenen Verbreitungsgebietes der Australopithecinen lag, der mit dem *Australopithecus afarensis* etwa zeitgleiche *Australopithecus bahrelghazali* entdeckt, dessen Definition als eigene Art bis heute umstritten ist. Im Oktober 2000 wurden in der Baringo-Region im kenianischen Rift Valley die Reste von mindestens fünf hominiden Individuen entdeckt. Es handelte sich um Kieferknochen, Zähne, Arm-, Finger- und Fußknochen. Die Funde waren aus 6 Millionen Jahre altem Vulkangestein herausgewittert. Die Reste wurden im Jahre 2001 wissenschaftlich publiziert und *Orrorin tugenensis* benannt. Aufgrund des Funddatums wurde auch die Bezeichnung »Millenium Man« verwendet. Bei den Hominiden handelt es sich um etwa schimpansengroße Formen, die nach ihrer Bein- und Armmorphologie sowohl bereits aufrecht gehen konnten als auch noch an das Klettern gut angepasst waren. Das Verwandtschaftsverhältnis von *Orrorin tugenensis* zu den späteren Australopithecinen ist noch nicht abschließend geklärt. Möglicherweise handelt es sich um einen Vorfahren, der bereits eine ähnliche Fortbewegungsweise besaß. Die Zahnmorphologie und vor allem die kleinen Eck- und großen Backenzähne, sprechen für eine überwiegend pflanzliche Ernährung mit gelegentlichem Fleischkonsum. Dass Funde neuer Arten aus dem bislang nur spärlich bekannten Zeithorizont jenseits der 4 Millionen Jahre weiterhin zunehmen, beweist die Entdeckung von Kiefer-, Arm-, Hand- und Fußknochen eines 5,2 bis 5,8 Millionen Jahre alten Hominiden, die im Jahr 2001 in der bereits durch zahllose Fossilfunde bekannten Middle Awash Region in Äthiopien gelang. Bislang wird der Fund als eine Unterart des *Ardipithecus ramidus* definiert und erhielt den Namen *Ardipithecus ramidus kadabba*. Allerdings ist noch nicht zweifelsfrei gesichert, ob es sich nicht doch um eine eigenständige Art handeln könnte, die dann unter der Bezeichnung *Ardipithecus kaddaba* geführt werden soll. Auch dieser Hominide soll sich bereits zweibeinig fortbewegt haben. Nach begleitenden Untersuchungen unter anderem der Überreste von Tieren aus der gleichen Schicht lebte *Ardipithecus ramidus kadabba* in einer feuchten und waldreichen Region. Dies deutet auf einen Widerspruch zu den bisherigen

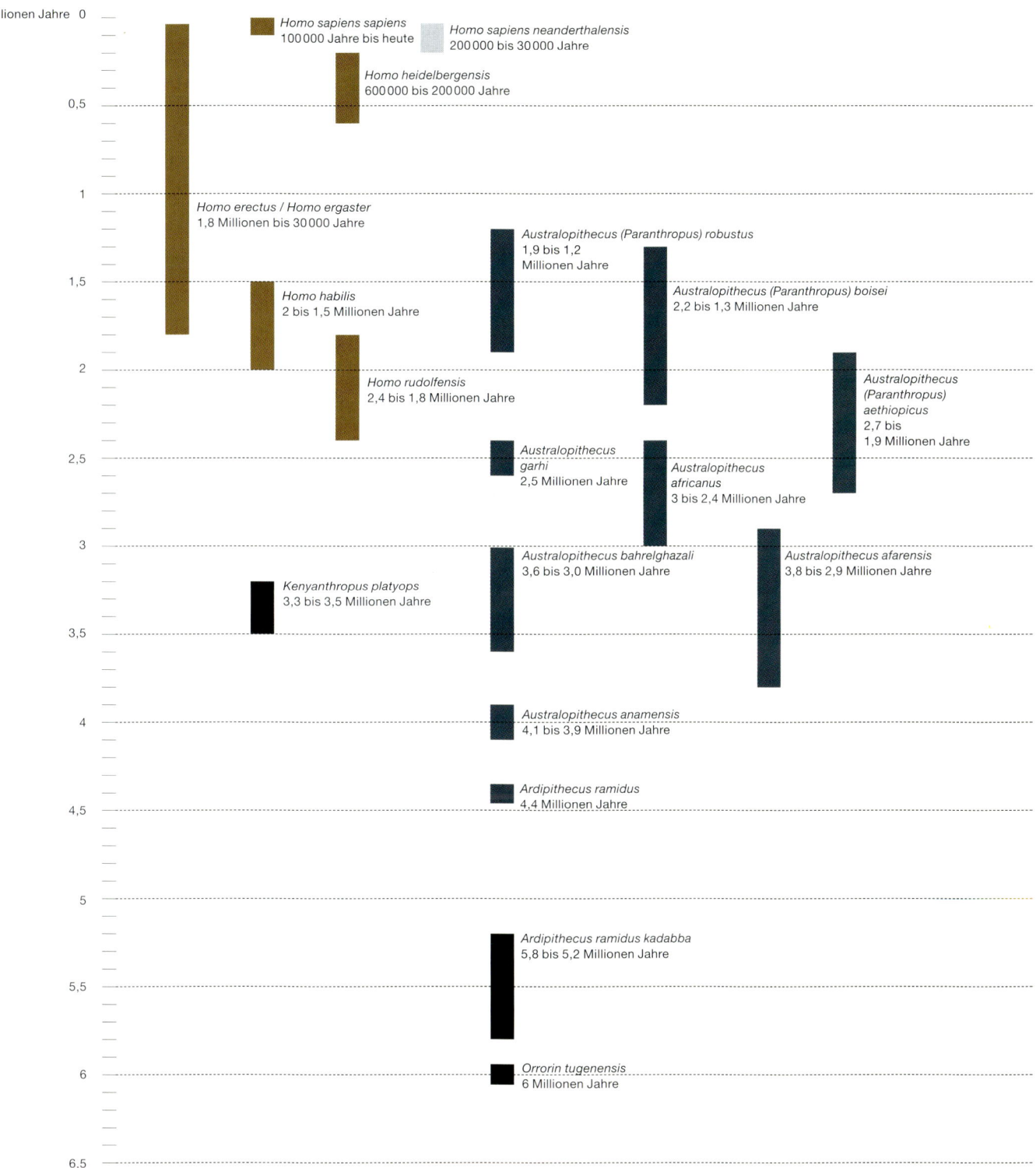

Der menschliche »Stammbaum«. Da viele der Querverbindungen zwischen den einzelnen Hominidenarten hypothetisch sind, wurde auf eine deutliche Kennzeichnung verzichtet.

Einer der robustesten Vertreter der Gattung *Paranthropus*. Dieser als »black skull« bezeichnete ca. 2,5 Millionen Jahre alte Fund eines *Paranthropus aethiopicus* zeigt deutlich den Schädelkamm, der als Ansatz für die kräftige Kaumuskulatur diente.

Vorstellungen von der Entwicklung des aufrechten Ganges hin. Bislang nahm man an, dass sich der aufrechte Gang durch eine Umweltveränderung entwickelte. Eine zunehmende Trockenheit soll zum Verschwinden des Baumbestandes geführt und die Hominiden in der nun vorherrschenden Savannen- und Graslandschaft zur Aufrichtung gezwungen haben. Falls nun aber das neue Szenario sich als richtig erweist, hätten erst die frühen Australopithecinen vor ca. 4 Millionen Jahren in der offenen Savannenlandschaft gelebt. Diese Funde lassen erkennen, dass in dem Zeitabschnitt zwischen 6 und 4 Millionen Jahren vor heute offenbar eine große Artenvielfalt herrschte.

Somit hat sich das Wissen um die Existenz von frühen Hominiden im Zeitraum vor 6 bis 3 Millionen Jahren innerhalb von knapp 10 Jahren von einer bekannten Art auf sechs Arten und Unterarten erweitert. Der *Australopithecus afarensis* besitzt jedoch nach wie vor eine Schlüsselposition in der menschlichen Entwicklungsgeschichte. Von ihm ausgehend entwickelten sich einerseits die robusten Australopithecinen, die heute auch als *Paranthropus* bezeichnet werden sowie andererseits die grazilen Australopithecinen. Während die Paranthropinen allgemein als spezialisierte Formen angesehen werden, die in einer Zeitspanne zwischen 2,5 und 1,4 Millionen Jahren lebten und in der direkten Linie der menschlichen Vorfahren keine Rolle spielen, sind die grazileren Formen *Australopithecus africanus* und der erst 1999 entdeckte *Australopithecus garhi* hier von größerer Bedeutung. Allerdings herrscht zurzeit noch großer Streit über die Position dieses neuen *Australopithecus*, der unter Umständen ein Bindeglied zu den ersten Vertretern der Gattung Homo war. Diese ältesten Vertreter tauchten vor 2,5 Millionen Jahren auf. Sie wurden seit seiner Definition 1964 unter dem Namen *Homo habilis* zusammengefasst. Viele der Funde, die früher nach einer heftig geführten Debatte als *Homo habilis* bezeichnet wurden, werden heute der seit 1986 etablierten Art des **Homo rudolfensis** zugerechnet. Obwohl beide Arten mittlerweile gut voneinander unterscheidbar sind, ist weder ihre Herkunft noch der weitere Übergang zu **Homo erectus** eindeutig gesichert. Ersteres könnte durch den im August 1999 erfolgten und im März 2001 erstmals veröffentlichten Fund eines fast vollständigen Schädels am Turkanasee geklärt werden. Es handelt sich um einen Fund, der auf ein Alter von 3,3 bis 3,5 Millionen Jahre datiert wird und als **Kenyanthropus platyops** bezeichnet wird. Wahrscheinlich handelt es sich bei diesem Hominiden um einen Vorfahren des *Homo rudolfensis*, da er einige morphologische Gemeinsamkeiten mit diesem besitzt. Weiterhin lässt er deutliche Unterschiede zum gleichzeitig lebenden *Australopithecus afarensis* erkennen, so dass eine enge Verwandtschaft mit den Australopithecinen auszuschließen ist.

Einige Wissenschaftler bezeichnen die afrikanischen Funde von *Homo erectus* neuerdings als *Homo ergaster*; diese Entscheidung wird aber keineswegs von allen Paläoanthropologen mitgetragen. Nach der neuen Definition wird von *Homo erectus* nur bei den asiatischen Funden gesprochen. Durch den Fund des beinahe vollständigen Skelettes von Nariokotome in Kenia wurde die Altersgrenze des ersten Auftretens dieser Menschenform auf ca. 1,8 Millionen Jahre verschoben. Erstaunlich ist jedoch vor allem, dass die *Homo erectus* – Fundstellen auf der Insel Java, die früher auf rund eine Million Jahre geschätzt wurden, durch neue Untersuchungen wesentlich älter, nämlich 1,8 Millionen Jahre datiert werden. Somit hätte *Homo ergaster/erectus* innerhalb von wenigen tausend Jahren nicht nur den afrikanischen Kontinent verlassen, sondern auch Südostasien erreicht und die Wasserstraße nach Java überquert. *Homo erectus* soll in einigen Regionen Asiens lange überlebt haben. Er entwickelte sich dort weiter, ebenso wie *Homo ergaster* in Afrika. Diese jüngeren Fossilien, die zunächst als später *Homo erectus*, danach als archaischer *Homo sapiens* bezeichnet wurden, galten als die ersten Formen, die auch nach Europa vordrangen. *Homo erectus* sollte nach dieser Vorstellung niemals Europa erreicht haben. Der Zeitpunkt des Vordringens des archaischen *Homo sapiens* nach Europa wurde nicht vor 500000 Jahren angesetzt. Obwohl dies stark umstritten war, ließen sich bis vor kurzem kaum eindeutige Belege für eine frühere Anwesenheit des Menschen in Europa finden.

Erste Hinweise für eine von Afrika ausgehende nördliche Expansion zunächst nach Westasien lassen sich z. B. in der Fundstelle von Ubeidiya in Israel fassen. Dort liegen zwar keine Menschenknochen vor, dafür aber Steinwerkzeuge, die auf einen Zeitraum zwischen 1,4–1 Million Jahre datiert werden. Während die dortigen Lebensverhältnisse sehr ähnlich denen auf dem afrikanischen Kontinent waren, sind diese in der rund 1500 km nördlich gelegenen Region der Fundstelle Dmanisi in Georgien eindeutig eurasisch geprägt und somit deutlich unterschiedlich. Der Fundplatz, an dem 1991 ein Unterkiefer, 1999 zwei menschliche Schädel und 2000 ein weiterer Unterkiefer sowie zahlreiche Tierknochen und Steinwerkzeuge entdeckt wurden, wird auf über 1,5 Millionen Jahre datiert. Da die Bearbeitung der Fossilfunde noch nicht abgeschlossen ist, lassen sich die Schädel noch keiner bislang bekannten *Homo*-Art zuschreiben. Ein frühes Vordringen der *Homo ergaster/erectus* Formen nach Europa erscheint aber vor diesem zeitlichen Hintergrund nicht mehr ausgeschlossen.

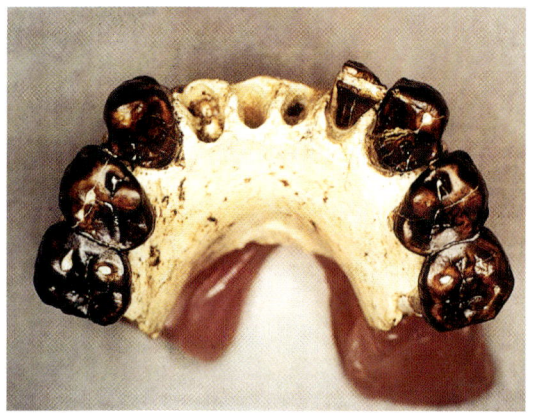

Das Kieferfragment des *Australopithecus bahrelghazali*. Das im Tschad entdeckte Fossil belegt, dass die Australopithecinen auch außerhalb der Regionen Ost- und Südafrika auf dem Kontinent verbreitet waren.

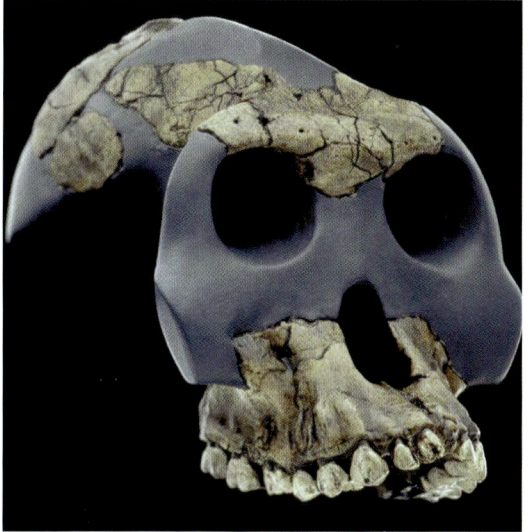

Die Rekonstruktion der Schädelreste des 1999 entdeckten *Australopithecus garhi*, bei dem es sich möglicherweise um ein Bindeglied zwischen den Australopithecinen und den ersten Vertretern der Gattung *Homo* handelt.

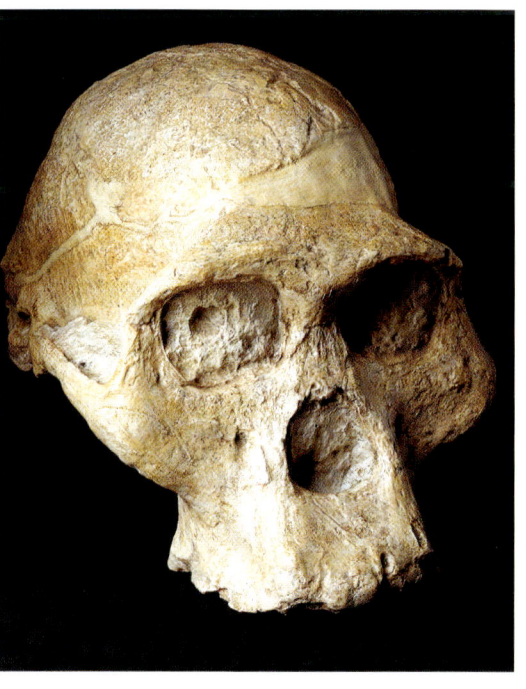

Bei diesem früher als Mrs. Ples bezeichnete Schädel eines *Australopithecus africanus* handelt es sich wahrscheinlich um ein männliches Individuum. Der Fund stammt aus der südafrikanischen Fundstelle von Sterkfontein.

Schädelrest eines ca. 1,8 Millionen Jahre alten *Homo habilis* Fundes aus der Olduvai Schlucht in Ostafrika.

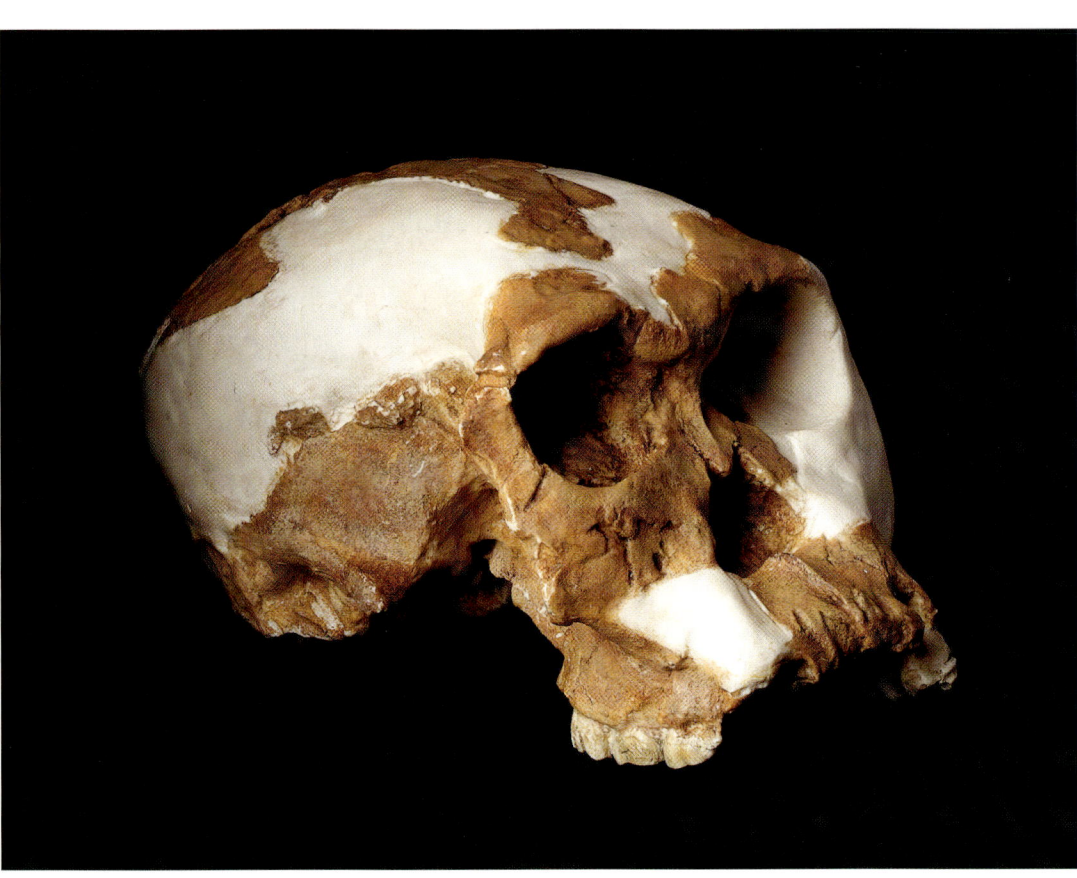

Der mit der Nummer 1470 bezeichnete, am Turkanasee in Kenia entdeckte Schädel eines *Homo rudolfensis*. Diese Menschenart weist im Gegensatz zu *Homo habilis* einen größeren Gehirnschädel und ein langes flaches Gesicht auf.

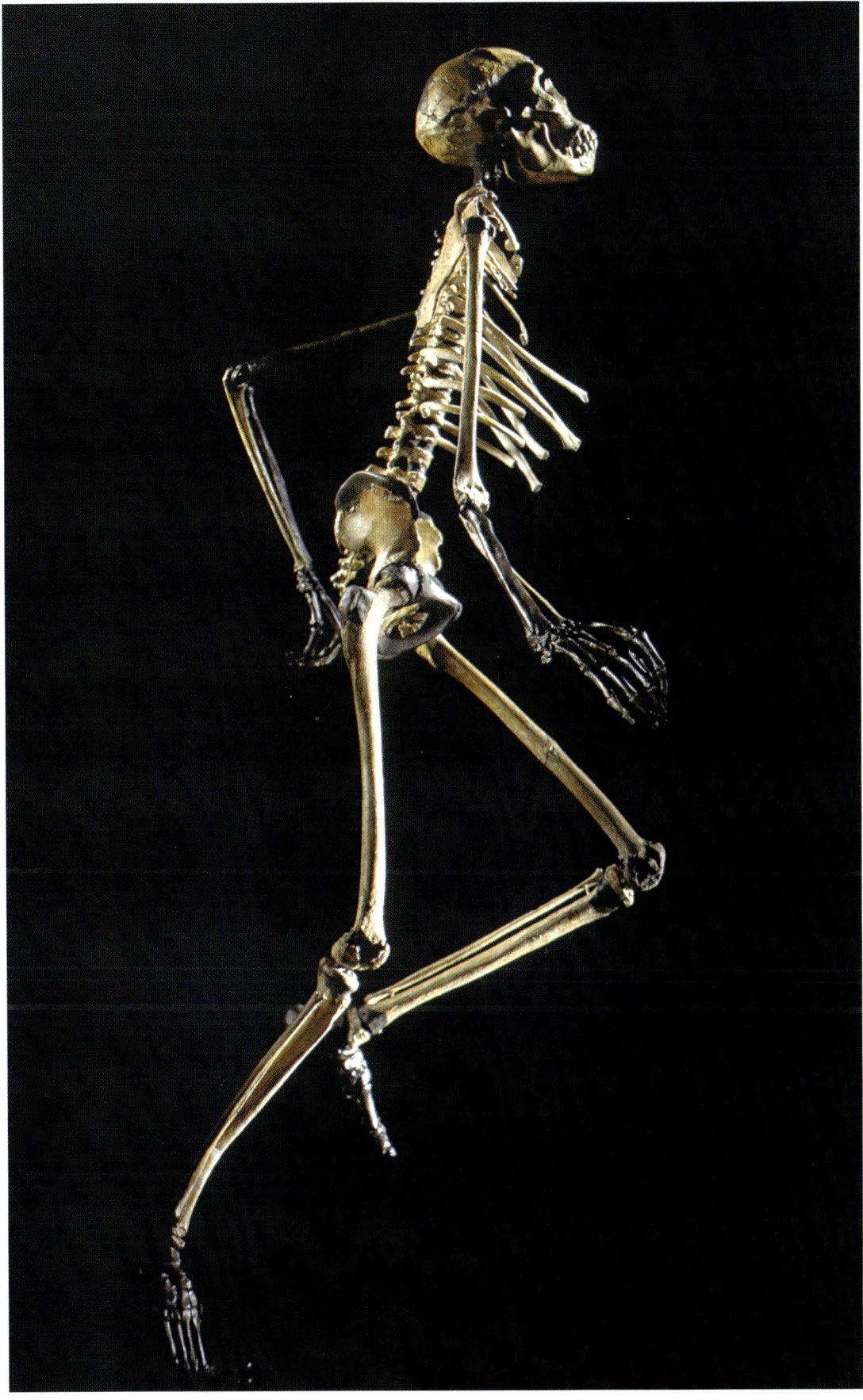

Die 1,6 bis 1,8 Millionen Jahre alten Skelettreste dieses als Turkana Boy bezeichneten Fundes eines ca. 13 jährigen *Homo ergaster* Individuums lassen nur wenige Unterschiede zum Körperbau des heutigen Menschen erkennen. Es handelt sich um das vollständigste Skelett eines frühen *Homo erectus/ergaster*. Die Körpergröße des Jungen von 1,60 m lässt darauf schließen, dass diese Menschen als Erwachsene eine Körpergröße von 1,80 m erreichten.

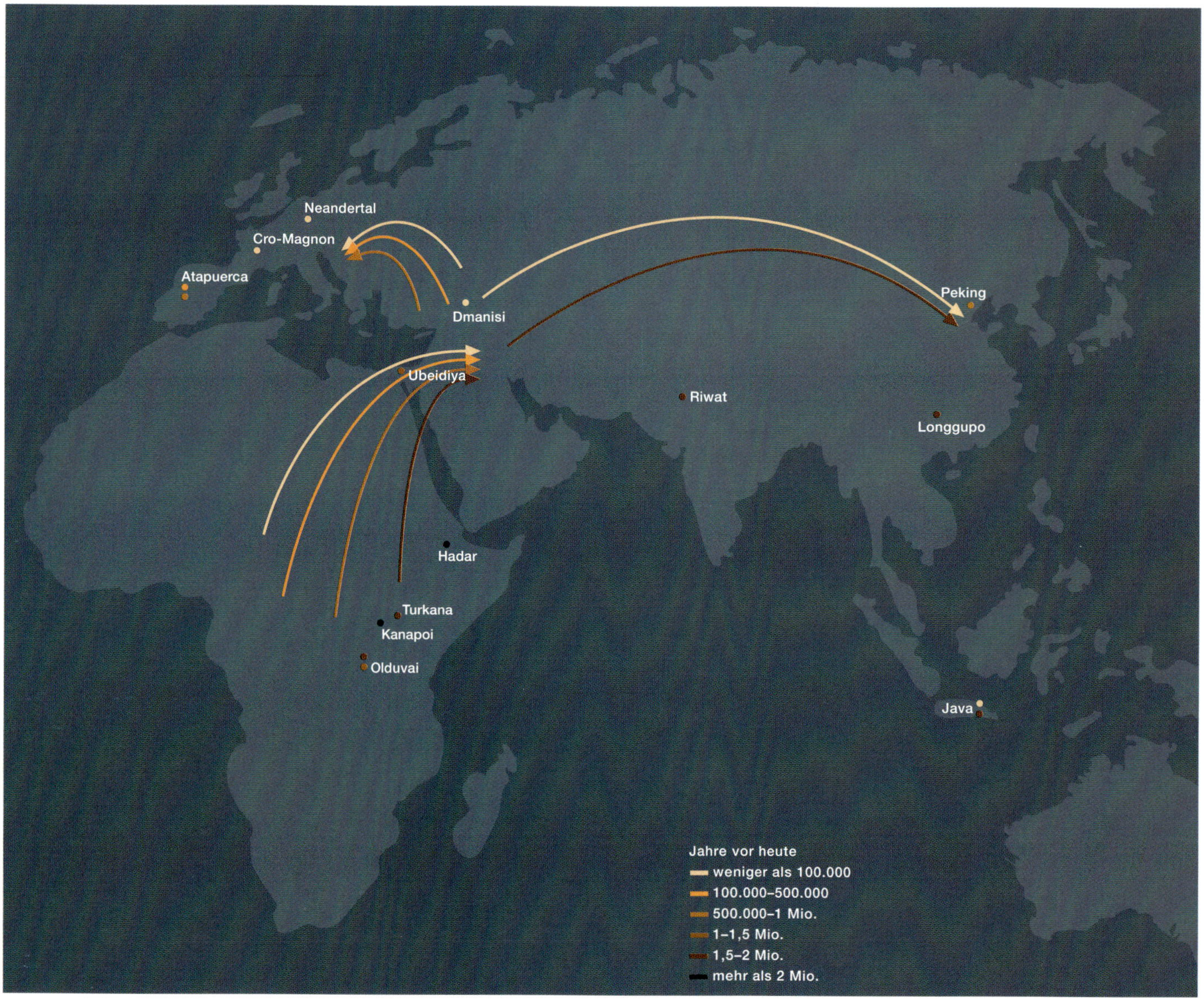

Homo erectus/ergaster verließ offenbar frühzeitig nach seiner Entstehung den afrikanischen Kontinent und lässt sich vor 2,0 und 1,5 Millionen Jahren in Südasien nachweisen. Auch spätere Formen von Homo erectus bzw. Homo heidelbergensis verließen zwischen einer Million und 500 000 Jahren vor heute in mehreren Wellen den afrikanischen Kontinent in Richtung Asien und Europa.

Die fünf vollständigsten Schädel aus der »Knochengrube«, der Sima de los Huesos, Sierra de Atapureca, in der die Skelettreste von über 32 Individuen entdeckt wurden. Die Funde sind zwischen 300 000 und 200 000 Jahre alt und werden der Art Homo heidelbergensis zugeschrieben.

BEZEICHNUNG	DATIERUNG	FUNDSTELLEN
Homo antecessor	800000–600000 OIS 20–18	Atapuerca, Gran Dolina – Spanien Ceprano – Italien
Früher archaischer *Homo sapiens* *Homo heidelbergensis*	600000–300000 OIS 15–10 Cromer Elster oder Mindel Eiszeit	Arago – Frankreich Mauer, Bilzingsleben – Deutschland Boxgrove – England Petralona, Apidima – Griechenland Vértesszöllös – Ungarn
Später archaischer *Homo sapiens* *Homo heidelbergensis* Ante-Neandertaler	300000–200000 OIS 9–8 Hoxnian, Holstein oder Mindel/Riss – Interglazial, Saale oder Riss Eiszeit	Steinheim, Reilingen – Deutschland Atapuerca, Sima de los Huesos – Spanien Swanscombe – England Weimar-Ehringsdorf – Deutschland
Frühe Neandertaler Prä-Neandertaler Proto-Neandertaler	200000–100000 OIS 7–5 Späte Saale oder Riss Eiszeit und Eem oder Riss/ Würm Interglazial	Ochtendung – Deutschland Biache 1, La Chaise Suard, Lazaret, La Chaise, Bourgeois- Delanunay – Frankreich Saccopastore – Italien Krapina – Kroatien
Klassische Neandertaler	100000 – ca. 27000 OIS 4–3 Frühe Weichsel oder Würm Eiszeit	Neandertal – Deutschland Spy – Belgien Monte Circeo – Italien Forbes Quarry – Gibraltar La Chapelle, La Quina, La Ferrassie, Le Moustier, St. Césaire – Frankreich Shanidar – Irak Amud – Israel

1. *Die Homo antecessor*-Gruppe, die aus den bereits erwähnten Funden aus Atapuerca, Gran Dolina und Ceprano besteht. Es herrscht Unklarheit darüber ab wann mit einer Besiedlung Europas zu rechnen ist. Während man in Südeuropa aufgrund klimatischer Verhältnisse von einer Besiedlung ab 1000000 Jahren vor heute ausgehen kann, liegen für das nördliche Europa keine gesicherten Daten vor 600000 vor heute vor.

2. Die *Homo heidelbergensis*-Formen, die bereits im Zeitraum ab 600000 Jahren, zumindest bei den europäischen Funden, Merkmale der späteren Neandertaler erkennen lassen. Allerdings sind bei allen noch die Charakteristika der *Homo erectus/ ergaster*-Formen mehr oder weniger deutlich vorhanden. Als wichtigste Funde sind hier Boxgrove, Arago, Bilzingsleben, Petralona und die neueren Funde von Apidima, Griechenland, sowie Vértesszöllös, Ungarn, zu nennen.

3. Die Gruppe der Ante-Neandertaler, die ebenfalls noch zu *Homo heidelbergensis* gerechnet werden kann und etwa ab 300000 Jahren anzusetzen ist. Der Übergang von den in Gruppe 2 zusammengefassten *Homo heidelbergensis*-Formen ist fließend. Wesentliche Vertreter sind hier unter anderem Swanscombe, Steinheim, Reilingen, Weimar- Ehringsdorf und die spektakulären Funde aus der Sima de los Huesos, Sierra de Atapuerca.

4. Die Prä- oder Proto-Neandertaler treten ab ca. 200000 Jahren auf. In dieser Gruppe zeigen sich die Merkmale der Neandertaler bereits deutlich. Als wichtigste Funde können Ochtendung, Krapina und Saccopastore angeführt werden. Diese Funde werden in die Zeit zwischen ca. 200000 bis 100000 Jahre vor heute datiert.

Die eigentliche als Neandertaler bezeichnete Menschenform tritt vor ca. 130000 Jahren erstmals in Europa auf.

Die ersten Menschen in Europa

Viele Jahrzehnte galt der 1907 in einer Kiesgrube bei Mauer in der Nähe von Heidelberg entdeckte Unterkiefer als der älteste Beleg des Menschen in Europa. Sein Alter wird heute mit zwischen ca. 600 000 bis 500 000 Jahren angegeben. In jüngster Zeit wurden einige Funde gemacht, die die Altersgrenze der ersten Europäer weiter nach unten verschoben haben, aber nicht unumstritten geblieben sind. Vor allem die sehr fragmentarischen Reste zweier Erwachsener und zweier Kinder bzw. Jugendlicher aus der Gran Dolina, Sierra de Atapuerca (Nordspanien) aus dem Jahre 1994, die auf ca. 800 000 Jahre datiert sind, gelten mittlerweile als die ältesten Menschenreste Europas. Allerdings wird diese frühe Datierung von einigen Forschern angezweifelt. Ebenfalls diskutiert wird die Zuordnung der Menschenreste zu einer neuen Art: *Homo antecessor*, der von einigen Forschern als Ausgangspunkt der europäischen Menschheitsgeschichte gesehen wird. Möglicherweise gehört der ebenfalls 1994 in Ceprano in Italien entdeckte Schädel, der auf ein Alter zwischen 800 000 und 900 000 Jahren datiert wird, ebenfalls zu dieser Menschenart. Nach einer Neubearbeitung des zuvor *Homo erectus/Homo ergaster* zugeschriebenen Fundes halten es die italienischen Paläoanthropologen Giorgio Manzi und seine Kollegen für nicht unwahrscheinlich, den Fund unter Vorbehalt der Art des *Homo antecessor* zuzuordnen. Da Ceprano ein erwachsenes Individuum repräsentiert und es sich bei den namengebenden Funden aus der Gran Dolina, Sierra de Atapuerca um Reste einer jugendlichen, noch nicht ausgewachsenen Person handelt, kann ein direkter Vergleich zwischen beiden Funden nicht durchgeführt werden. Die italienischen Paläoanthropologen schließen jedoch auch nicht aus, dass Ceprano eine eigene, noch nicht näher definierte Art bildet, die eine Brücke zwischen *Homo erectus/ergaster* und dem späteren *Homo heidelbergensis* darstellt.

Noch problematischer in der Zuweisung zu einer Art sind die Funde von Orce in Andalusien, Südspanien, die sogar auf 1,8 Millionen Jahre datiert werden. Bei dem größten Fragment, dem Fragment eines Schädeldaches ist keineswegs sichergestellt, dass es sich um einen Menschenrest handelt. Einige Wissenschaftler vertreten die Auffassung, dass es sich bei diesem Fragment um einen Überrest eines nicht ausgewachsenen Esels handelt.

Neben diesen nicht immer unumstrittenen Belegen in Form von Skelettresten können auch Fundstellen mit Steinwerkzeugen die Anwesenheit des frühen Menschen in Europa belegen. Die Funde aus Vallonet in Südfrankreich werden auf ca. 1 Million Jahre datiert. Für diese und ähnliche Fundstellen gilt aber, dass die zeitlichen Einordnungen und zum Teil sogar der Werkzeugcharakter der Funde sehr kontrovers diskutiert werden. Es gibt also bislang keine zweifelsfreien Hinweise

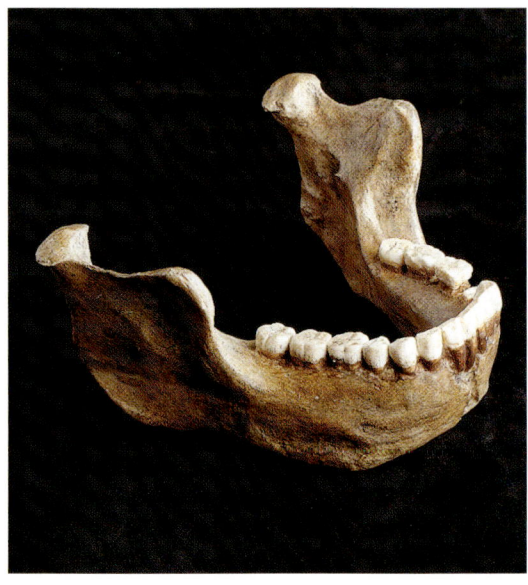

Der 1907 entdeckte sehr robuste Unterkiefer von Mauer bei Heidelberg galt mit einem Alter um 600 000 Jahre bis vor wenigen Jahren, als das älteste menschliche Fossil Europas. Nach diesem Fosssilfund wurde die Art *Homo heidelbergensis* benannt.

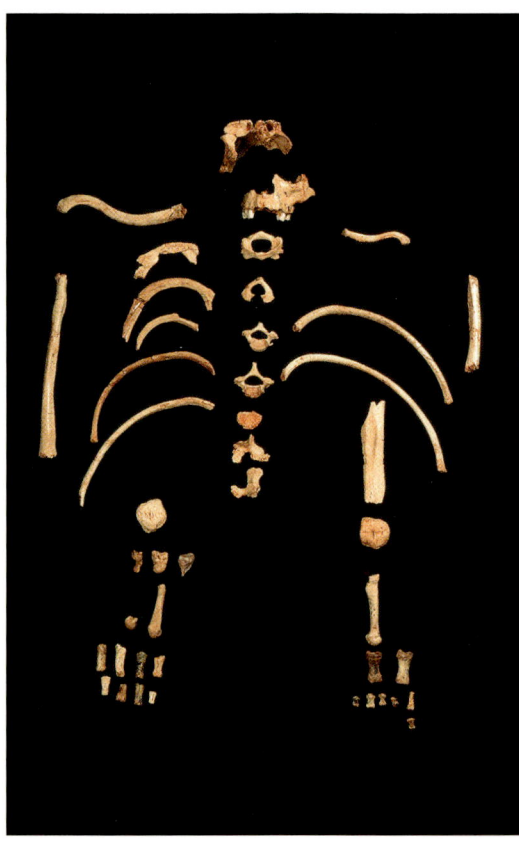

Die menschlichen Skelettreste aus der Gran Dolina, Sierra de Atapuerca in Spanien gelten heute als die ältesten Menschenreste Europas: Die Funde werden der Art *Homo antecessor* zugerechnet, die als eine Übergangsform zwischen *Homo erectus/ergaster* und *Homo heidelbergensis* gilt.

für die Anwesenheit der Menschen in Europa vor einer Zeitgrenze von ca. 800 000 Jahren.

Erst ab einem Alter von ca. 500 000 Jahren werden die Funde, sowohl der Siedlungsplätze als auch der Menschenreste, etwas häufiger. Der Fund von Boxgrove, West Sussex, England, der aus einem Unterschenkelfragment, zwei Zähnen und zahllosen Tierresten und Werkzeugen besteht und auf ca. 500 000 Jahre datiert wird, belegt die Besiedlung des nördlicheren Europas um diese Zeit. Die Schädelfragmente, Unterkiefer, Becken- und Oberschenkelfragmente aus Arago in Südfrankreich datieren um 450 000 Jahre. In den gleichen Zeitraum gehören auch die Schädelreste aus Bilzingsleben in Thüringen (400 000–350 000 Jahre), Swanscombe in England (400 000–250 000 Jahre), Petralona und Apidima in Griechenland (450 000–200 000 Jahre) sowie Vértesszöllös in Ungarn (350 000 Jahre). Jünger, um 250 000 Jahre, datieren der Schädel von Steinheim an der Murr und die Kieferfragmente, Zähne und Wirbel aus Pontnewydd in Wales (250 000–190 000 Jahre). Eine herausragende Fundstelle stellt die ebenfalls in der Sierra de Atapuerca in Nordspanien gelegene Fundstelle Sima de los Huesos dar. Hier wurden über 2000 Skelettreste von mindestens 32 Individuen entdeckt, die aus der Zeit von vor 300 000–200 000 Jahren stammen. Bei den Fundstellen von Siedlungs- und Lagerplätzen dieser Zeit sind vor allem Bilzingsleben in Thüringen und Schöningen in Niedersachsen zu nennen. Beide Fundstellen haben durch außergewöhnlich gute Erhaltungsbedingungen wesentliche Informationen über die Menschen aus der Zeit um 400 000 Jahre vor heute geliefert. Die einmalig erhaltenen hölzernen Wurfspeere aus Schöningen belegen eindeutig Jagdaktivitäten des frühen Menschen in Europa mit hoch spezialisierten Waffen. Von 1994 bis 1999 wurden neun Speere entdeckt, die im Zusammenhang mit der Jagd auf Wildpferde stehen.

Aus den Fundumständen der meisten bislang geschilderten Funde ergeben sich Probleme sowohl bezüglich ihrer Interpretation als auch ihrer Datierung. Eine weitere Schwierigkeit ist die stammesgeschichtliche Einordnung der Fossilien. Obwohl einige der frühen europäischen Funde auch in neuerer Zeit als *Homo erectus* bezeichnet wurden, ist eine große Anzahl von Paläoanthropologen, vor allem im englischsprachigen Raum, dazu übergegangen, die meisten Funde von fossilen Menschenresten aus der Zeit zwischen ca. 800 000 und 600 000 Jahren mit der umstrittenen Bezeichnung des *Homo antecessor* zu benennen und von 600 000 bis 200 000 Jahren nach dem Fund von Mauer bei Heidelberg als **Homo heidelbergensis** zu bezeichnen. Die früher gebräuchliche und umstrittene Bezeichnung archaischer *Homo sapiens* wurde somit ersetzt.

Einige der Schädelreste aus der Fundstelle Bilzingsleben in Thüringen. Die ca. 400 000 Jahre alten und stark fragmentierten Funde werden auch als *Homo erectus bilzingslebenensis* bezeichnet, sind jedoch wahrscheinlicher der Art *Homo heidelbergensis* zuzurechnen.

Die Entstehung der Neandertaler

Alle Paläoanthropologen gehen heute davon aus, dass sich ausgehend von *Homo heidelbergensis* die Entwicklung in Europa über die so genannten Ante-Neandertaler und Prä-Neandertaler zum klassischen Neandertaler fortsetzte. Die Theorie einer eigenständigen Entwicklung des heutigen Menschen in Europa, die zeitlich parallel mit der des Neandertalers abgelaufen sein soll, ist heute widerlegt. Als Kronzeugen für diese als Präsapienten-Theorie bezeichnete Vorstellung wurden lange Zeit Funde wie Steinheim oder Swanscombe angesehen. Grob lassen sich nach heutigem Forschungsstand die europäischen Funde in vier Gruppen einteilen (Tabelle S. 25).

Die Neandertaler sind somit eine typisch europäische Menschenform. Ihre eigenständige Entwicklung wird spätestens im Zeitraum ab 300 000 Jahren deutlich. Allerdings herrscht auch in Europa in dieser Zeit noch eine erhebliche Variabilität in der Skelettmorphologie. Dies lassen insbesondere die Funde der mindestens 32 Individuen aus der Sima de los Huesos, Sierra de Atapuerca erkennen, die zwischen 300 000 und 200 000 Jahre datiert werden. Zeitgleiche Funde aus Afrika ähneln dagegen deutlich der Morphologie des ana-

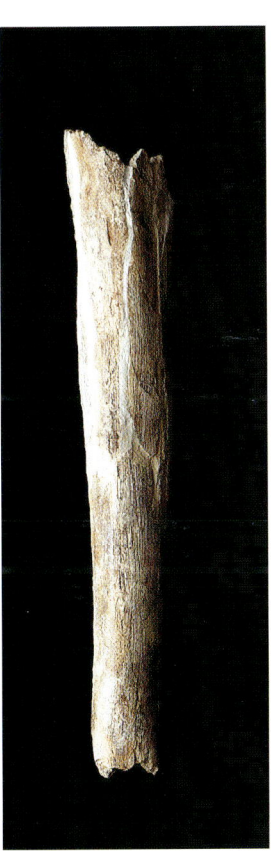

Das Schaftfragment eines menschlichen Unterschenkels aus der Fundstelle Boxgrove in Südengland. Der Fund ist ca. 500 000 Jahre alt.

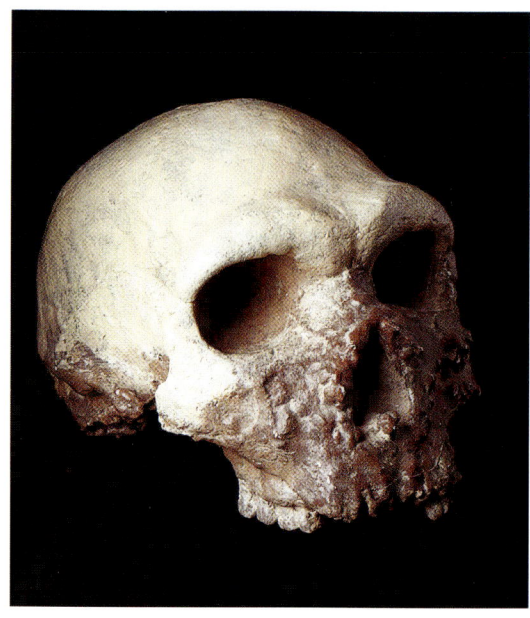

Der bemerkenswert vollständige Schädel eines *Homo heidelbergensis* aus Petralona in Griechenland. Die Sinterschicht, die das Gesicht bedeckte, wurde mittlerweile entfernt. Der Fund zeigt im Gesichtsbereich bereits Merkmale der Neandertaler, besitzt aber vor allem in der Region des Gehirnschädels noch deutlich archaische Züge.

Eine nach Funden aus Ostafrika von Elisabeth Daynes ausgeführte Rekonstruktion einer *Homo erectus/ergaster* Frau aus dem Neanderthal Museum in Mettmann.

tomisch modernen Menschen, während in Asien späte *Homo erectus*-Formen bis ca. 30000 Jahren vor heute existieren! Somit ist nach bislang vorherrschender Lehrmeinung anhand der vorliegenden Funde und Datierungen davon auszugehen, dass sich ungefähr zeitgleich in Europa der Neandertaler und in Afrika der anatomisch moderne Mensch entwickelten. Letzterer ist vor etwa 150000 Jahren erstmals nachzuweisen. Die Rolle der asiatischen Fossilien ist in diesem Zusammenhang umstritten. Die Vertreter der Out of Africa-Theorie gehen von einer Entstehung des *Homo sapiens sapiens* ausschließlich in Afrika aus und billigen dem süd- und südostasiatischen Raum lediglich eine Sackgassenrolle zu. Dagegen sehen die Vertreter des Multiregionalen Modells die Entwicklung in Afrika und Asien gleichberechtigt nebeneinander ablaufen, mit einem starken Anteil von Vermischungen der unterschiedlichen Populationen.

Die Entstehung des anatomisch modernen Menschen

Zwei konkurrierende Modelle versuchen heute die Entstehung des anatomisch modernen Menschen zu erklären:

Das Out-of-Africa 2 Modell, das seltener auch Arche-Noah-Modell genannt wird, vertritt die Auffassung einer ausschließlichen Entstehung des modernen Menschen auf dem afrikanischen Kontinent. (Als Out-Of-Africa-1 wird die Entstehung und Ausbreitung von *Homo erectus/ergaster* vom afrikanischen Kontinent aus verstanden.) Das Kerngebiet der Entstehung von *Homo sapiens sapiens* ist demnach vor allem Süd- und Ostafrika. Einzig aus dieser Region liegen Fossilfunde vor, die in eine zwar nicht lückenlose, aber dennoch nachvollziehbare Entwicklungsabfolge gestellt werden können. Von den Gegnern dieses Modells wurde stets kritisiert, das eben diese Funde teilweise mit erheblichen Datierungsproblemen behaftet sind. Das asiatische Fundmaterial erlaubt dagegen kein Aufstellen einer derartigen Entwicklungsabfolge. Neue Datierungen von Schichten einiger Fundstellen auf Java erbrachten die überraschende Erkenntnis, dass z.B. die Funde von Ngangdong nur ein Alter zwischen 30000 und 50000 Jahren aufweisen. Da die Funde als späte Form bzw. Weiterentwicklung von *Homo erectus* angesehen wurden, schätzte man zuvor ihr Alter nach der Morphologie auf ca. 100000 Jahre. Falls sich diese Daten bestätigen sollten, steht zumindest für Südostasien fest, dass sich die späten *Homo erectus*-Formen in dieser Region zeitlich mit dem Auftreten des anatomisch modernen

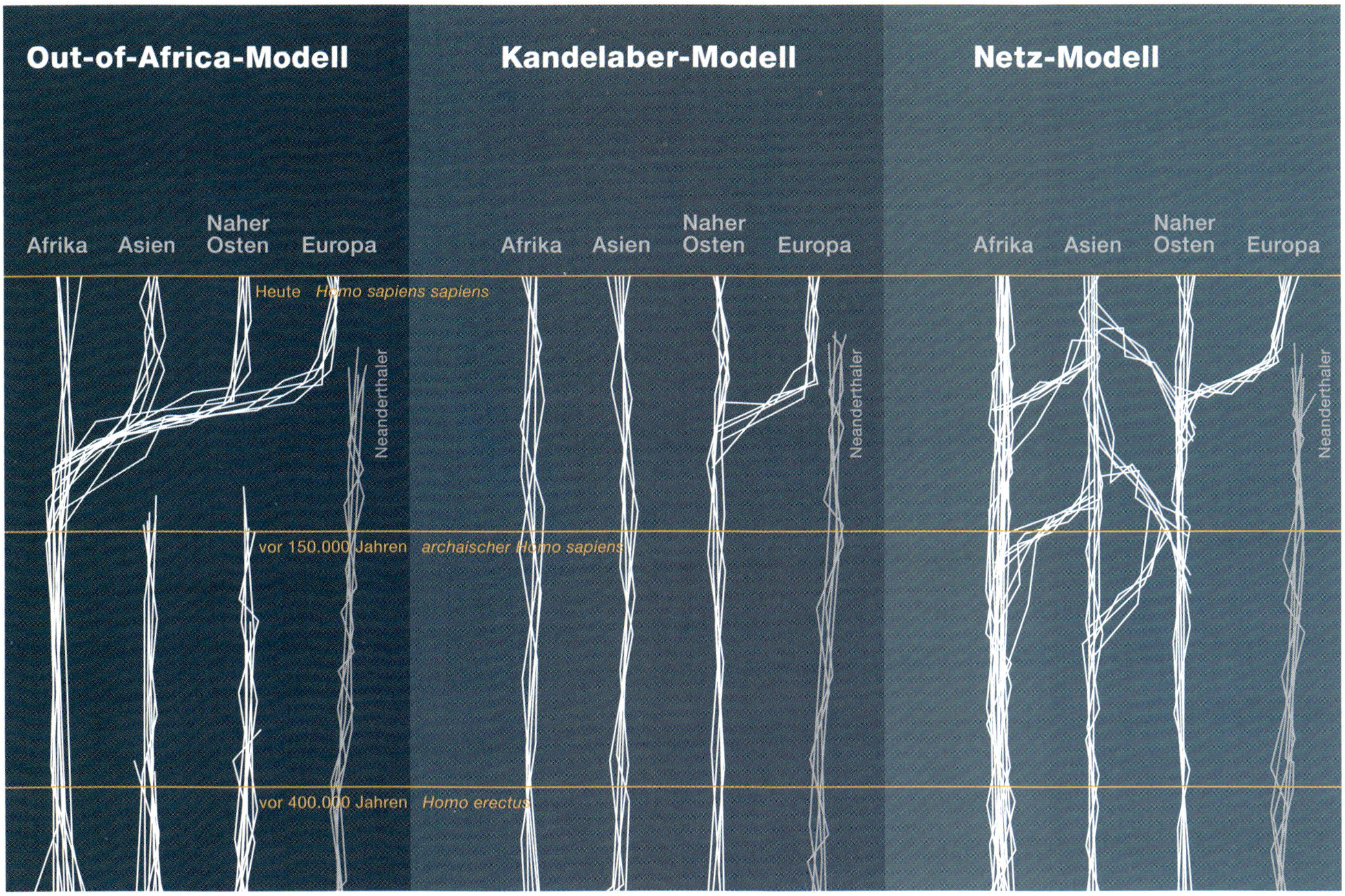

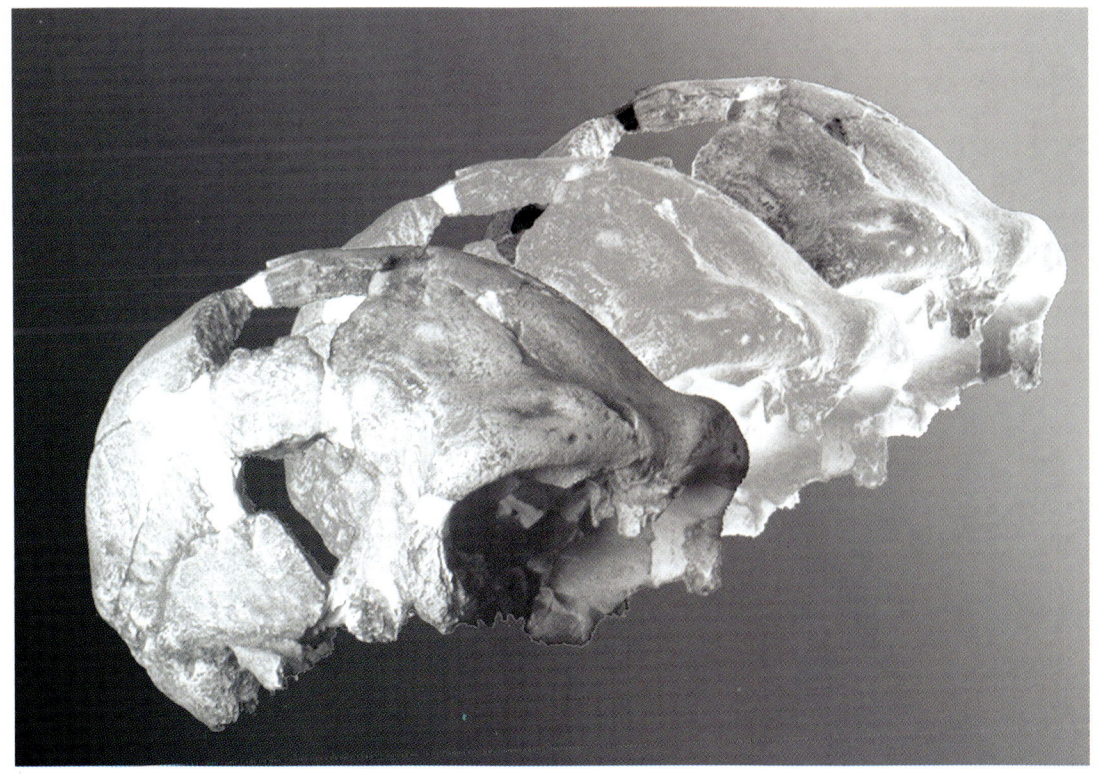

Out of Africa und Multiregionales Modell: Die verschiedenen Vorstellungen der Entstehung und Ausbreitung des anatomisch modernen Menschen haben zu unterschiedlichen Modellen geführt, die als *Out of Africa*- oder als *Multiregionales Modell* bezeichnet werden. Das Multiregionale Modell wird in ein sogenanntes *Kandelaber*- und *Netz-Modell* unterteilt.

Der 1994 entdeckte Schädelrest von Ceprano, der möglicherweise einer neuen Art zuzuweisen ist, die in Europa den Übergang von *Homo erectus/ergaster* zu *Homo heidelbergensis* darstellt.

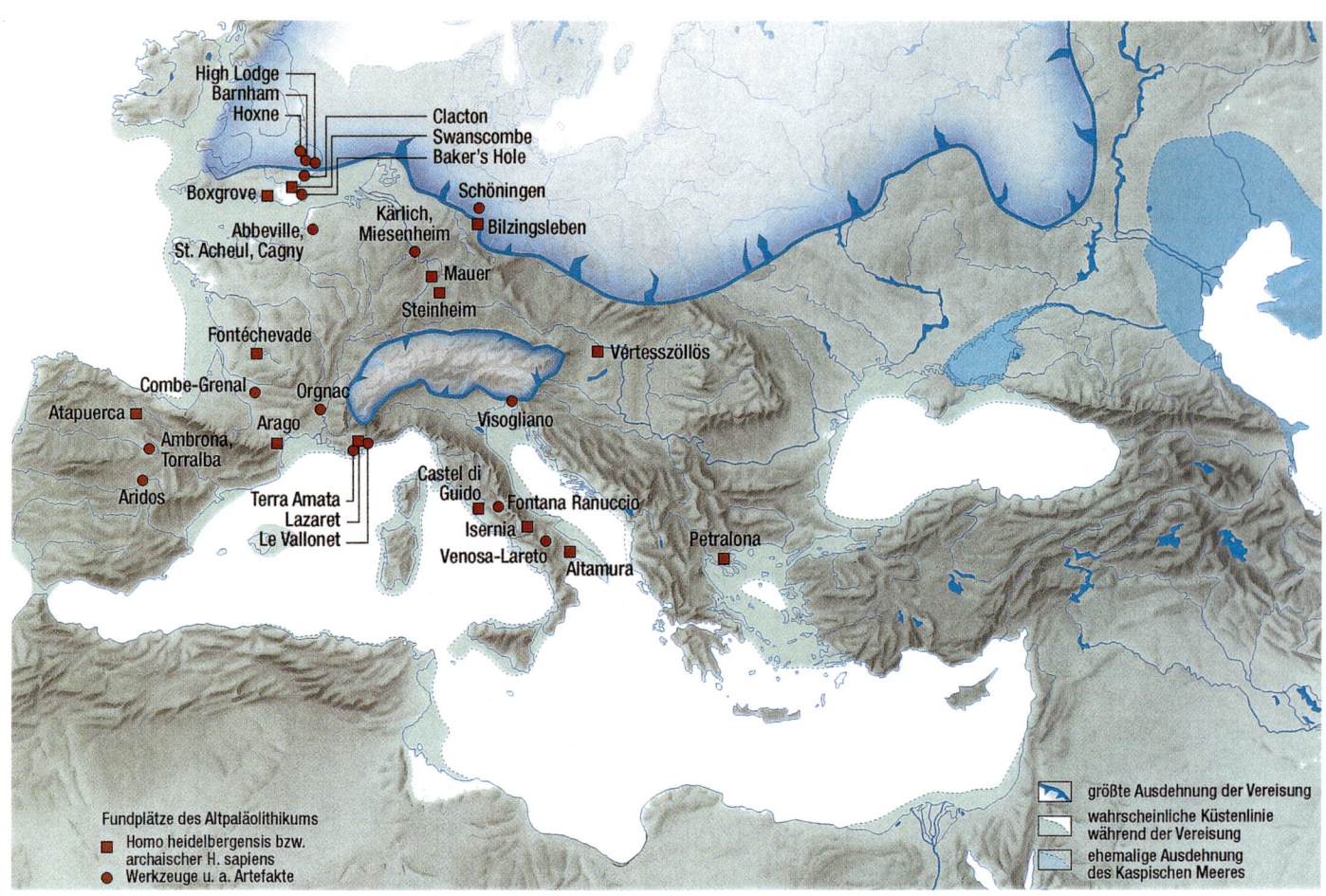

Einige der wichtigsten altpaläolithischen Fundstellen Europas aus der Zeit des *Homo heidelbergensis*.

Menschen überschneiden. Somit würde diese Region als ein Herkunftsbereich des modernen Menschen ausscheiden. Die morphologische Beurteilung der ostasiatischen Funde aus China wird kontrovers beurteilt. Während einige klare Hinweise auf einen Entwicklung hin zum anatomisch modernen Menschen sehen, wird dies von den Vertretern der Out-Of-Africa-Theorie bestritten.

Vereinfacht dargestellt, vertritt die Out-Of-Africa-Theorie folgendes Szenario: Zwischen 60000 und 50000 Jahren vor heute verließ die in Afrika entstandene Art *Homo sapiens sapiens* Afrika und verdrängte die in Europa lebenden Neandertaler ebenso wie die entwickelten Formen von *Homo erectus* in Asien. Die Multiregionale Theorie dagegen geht von einer Entwicklung zum modernen Menschen aus, die zwar auf verschiedenen Kontinenten ablief, aber vor allem durch eine intensive Vermischung der jeweiligen Populationen miteinander geprägt war. Durch diesen genetischen Austausch sei ein konstantes Evolutionsniveau entstanden. Dies schließt auch nicht aus, dass bestimmte Populationen isoliert in unzugänglicheren Gegenden als Inselpopulationen lebten und auf einem archaischeren Niveau blieben. Demnach wäre das Aussehen des anatomisch modernen Menschen durch diese Vermischungsprozesse geprägt. Ein großes Problem besteht dabei neben den bereits erwähnten Datierungsproblemen verschiedener Fossilfunde auch in der Tatsache, dass die damaligen Populationen zum einen nicht zahlreich und zum anderen weit verstreut lebten. Ein gewisser genetischer Austausch wird mittlerweile auch von einigen Vertretern der Out-Of-Africa-Theorie nicht mehr bestritten. Allerdings ist nach wie vor unklar, welche Auswirkungen ein solcher genetischer Austausch haben kann und in welchem Ausmaß er stattfand.

Genetik und die Rekonstruktion der Menschheitsgeschichte

Im Jahr 1987 stellten Rebecca Cann und Allan Wilson ihre Ergebnisse einer Studie über menschliche Mitochondrien-DNA (mt-DNA) vor. Sie schufen damit die Theorie der afrikanischen Eva oder black Eve-Theorie, nach der alle heute lebenden Menschen von einer einzelnen kleinen afrikanischen Population abstammen sollten. Ihre Theorie stützte die Out-Of-Africa-Theorie nachhaltig. In der Originalstudie wurden 9 % der mt-DNA von 147 Personen aus fünf Regionen der Erde untersucht. Die mt-DNA wurde gewählt, weil sie im Gegensatz zur Kern-DNA eine fünf- bis zehnfache Mutationsrate besitzt und somit die Abstammungslinien besser rekonstruiert werden können. Hinzu kommt, dass die mt-DNA durch ihre geringe Größe wesentlich überschaubarer ist als die Kern-DNA. Die Kern-DNA ist 200 000mal größer als die mt-DNA. Entscheidend ist aber, dass die mt-DNA bei der Vererbung, im Gegensatz zur Kern-DNA, nicht neu kombiniert wird. Zudem wird die mt-DNA ausschließlich durch die weibliche Linie vererbt. Die Veränderungen, die sich dennoch bei der Weitergabe ergeben, bezeichnet man als Mutationen, die z. B. durch Umwelteinflüsse bewirkt werden können. Allerdings haben in jüngster Zeit Forschungsergebnisse Zweifel an der ausschließlich weiblichen Weitergabe der mt-DNA laut werden lassen. In einer Studie fanden Wissenschaftler heraus, dass unter bestimmten Umständen auch männliche mt-DNA weitergegeben wird. Inwieweit dies Einfluss auf die genetische Rekonstruktion der menschlichen Abstammung hat, ist derzeit noch unklar.

Aus den Ergebnissen ihrer Untersuchung schlossen Cann und Wilson auf einen afrikanischen Ursprung des heutigen Menschen. Sie gingen von der Hypothese aus, dass die Variationen der mt-DNA um so häufiger auftreten, je älter eine Population ist. Aus dem Resultat, dass bei heute lebenden Afrikanern die größte Anzahl von Variationen vorliegen, schlossen die Wissenschaftler, dass eben jene die älteste Gruppe darstellen. Außerdem zeigten die Ergebnisse nach Meinung von Cann und Wilson, dass die übrigen Kontinente in vielen verschiedenen Episoden oder Wellen besiedelt wurden.

Dieser Überblick zeigt, dass die Rekonstruktion des menschlichen Stammbaumes fortwährend im Fluss ist. Über eine enorme Zeitspanne liegt nur eine vergleichsweise verschwindend geringe Anzahl Funde vor. Diese schwache Datenbasis lässt viel Raum für Spekulationen und subjektive Deutungen (siehe Stammbaum S. 19).

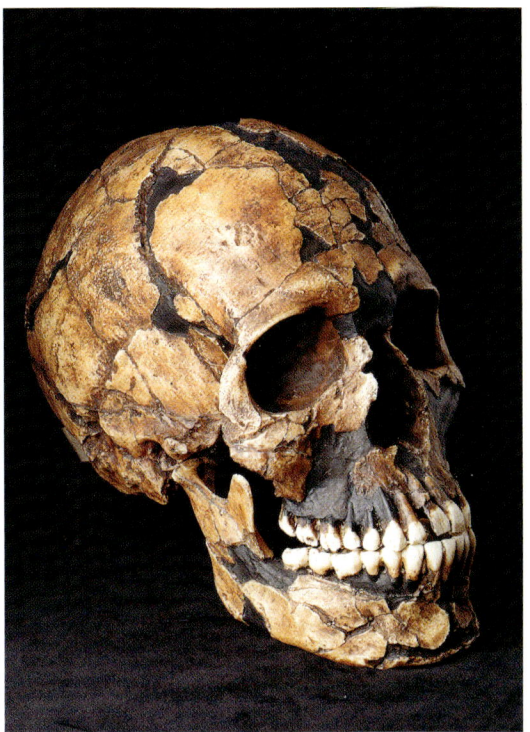

Der ca. 90 000 Jahre alte Schädel eines frühen anatomisch modernen Menschen aus der Fundstelle Qafzeh in Israel. Der Schädel weist im Wesentlichen die gleichen Merkmale wie beim heutigen Menschen auf. Im Unterschied zu den Neandertalern sind u. a. die steilere Stirn, ein gerundeter Hirnschädel, das flachere Gesicht und fehlende Überaugenwülste zu erkennen

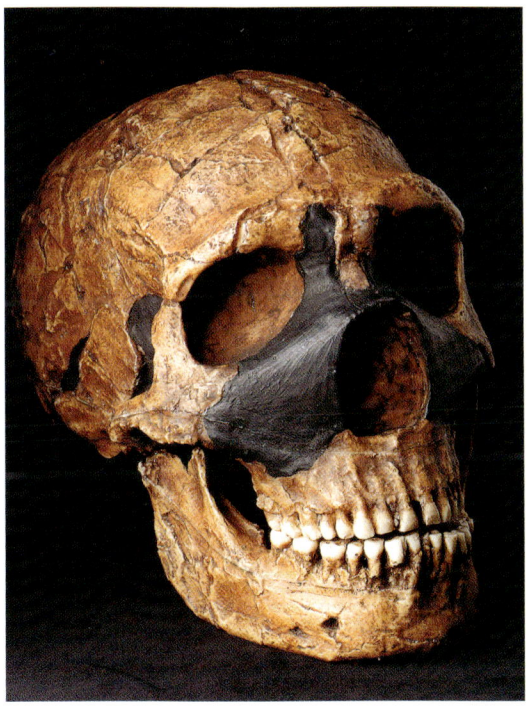

Der ca. 60 000 Jahre alte Schädel der Bestattung des Neandertalers aus Amud in Israel. Auch die Neandertaler aus dem Gebiet des Nahen Ostens lassen die typische langgestreckte Schädelform mit flacher Stirn und dem Spitzgesicht erkennen.

Das Aussehen der Neandertaler

Im Gegensatz zu vielen anderen Vorfahren des heutigen Menschen, deren Skelettbau (Morphologie) nur sehr bruchstückhaft oder mit mehr oder weniger großen Lücken bekannt ist, liegen von Neandertalern nicht nur eine Vielzahl von Einzelknochen, sondern auch einige vollständige Skelette vor. Seit vor 150 Jahren der erste Neandertaler identifiziert wurde, befassen sich Paläoanthropologen mit ihrer speziellen Morphologie. So haben zahllose Publikationen ausschließlich die Skelettreste der Neandertaler zum Thema. Neandertaler können daher als die am besten erforschte Menschenform nach dem heutigen Menschen bezeichnet werden. Die Beschäftigung mit ihrem Aussehen und die sich daraus ergebenden Unterschiede zum modernen, heutigen Menschen sind von Anfang an ein zentrales Problem der Forschung gewesen. Auf ersten Forschungsergebnissen basierende Rekonstruktionsversuche prägten das Bild der Neandertaler und trugen zu ihrem bis heute existierenden negativen Image bei (siehe »Das Image-Problem des Wilden Mannes«). Die zahlreichen Funde von Skelettresten der Neandertaler haben in der Zwischenzeit wenige Fragen zu ihrem Körperbau offen gelassen und somit viele der alten Missverständnisse und Fehlinterpretationen korrigieren können. Tabellarisch sind hier die Skelettmerkmale von Neandertalern im Vergleich zum anatomisch modernen Menschen aufgelistet:

NEANDERTALER	MODERNER MENSCH
Deutlicher Überaugenwulst (Torus supraorbitalis)	Nicht vorhandener Überaugenwulst
Große Stirnhöhlen	Deutlich kleinere Stirnhöhlen
Augenhöhlen groß und rund	Augenhöhlen kleiner und manchmal eckiger
Flache und fliehende Stirn	Steile, hohe Stirn
Langer, großer Schädel mit gerundetem Profil von hinten	Kurzer hoher Schädel mit senkrechten Seitenwänden
Größte Breite des Schädels in der Mitte der Scheitelbeine	Größte Breite des Schädels im oberen Drittel der Scheitelbeine
Schädelkapazität: 1245–1750 ccm (Mittelwert: 1520 ccm)	Schädelkapazität: Mittelwert frühe anatomisch modernen Menschen: 1560 ccm, rezent: 1340 ccm
Vorgewölbtes und stark gerundetes Hinterhaupt (oocipital bunning)	Geringer vorgewölbtes Hinterhaupt
Abflachung in der Lambdaregion	Keine Abflachung in der Lambdaregion
Hinterhauptwulst (Torus occipitalis)	Kein Hinterhauptwulst
Vertiefung ober- oder innerhalb des Hinterhauptwulstes (Fossa suprainiaca)	Eine nur selten auftretende Vertiefung im oberen Bereich des Hinterhauptes
Bereich des Ansatzes der Nackenmuskulatur (Planum nuchale) groß	Bereich des Ansatzes der Nackenmuskulatur mit geringerer Fläche
Kleiner Warzenfortsatz (Processus mastoideus)	großer Warzenfortsatz
Fehlende Wangengrube (fossa canina) und »aufgeblähte« Kieferhöhle	Wangengrube vorhanden und kleinere Kieferhöhle
Geringere Abwinkelung der Jochbeinwurzel	Stärkere Abwinkelung der Jochbeinwurzel
Große und breite Nasenöffnung	Kleinere und schmalere Nasenöffnung
Fliehendes oder neutrales Kinn	Positives (vorstehendes) Kinn
Großer Unterkiefer mit weitem Bogen	Kleiner Unterkiefer mit engerem Bogen
Unterkieferäste weit auseinander stehend	Unterkieferäste näher zusammen

NEANDERTALER	MODERNER MENSCH
Nervaustrittsöffnung (Foramen mentale) unterhalb des 1. Backenzahns (Molar)	Nervaustrittsöffnung unterhalb des 2. Vorbackenzahns (Prämolar)
Zwischenraum zwischen dem 3. Backenzahn und dem Unterkieferast (retromolare Lücke)	Zwischenraum nicht vorhanden
Front- und Backenzähne mit großen und hohen Pulpahöhlen, z.T. Backenzähne mit zusammengewachsenen Wurzeln (Taurodontismus)	nur selten auftretender Taurodontismus
Große und schaufelförmige Schneidezähne	tritt selten auf
Abschliff (Abrasion) der Frontzähne vor allem bei älteren Individuen nach schräg außen	Abschliff der Frontzähne nach schräg innen
Halswirbel mit langen und robusten Fortsätzen (Processus spinosus)	Fortsätze der Halswirbel kürzer und weniger robust
Durchmesser des Nervenkanal an den Halswirbeln liegt außerhalb der Variationsbreite des modernen Menschen	Kleinerer Durchmesser des Nervenkanals
Brust- und Lendenwirbel mit robustem Wirbelkörper	Wirbelkörper bei Brust- und Lendenwirbeln weniger massiv
Rippen außerordentlich dick und wenig stark gebogen – tonnenförmiger Brustkorb	Rippen dünner und stärker gebogen
Schlüsselbein sehr lang	Kürzeres Schlüsselbein
Dimension des Rumpfes sehr breit und tief	Geringere Tiefe und Breite des Rumpfes
Langknochen, Hand- und Fußknochen mit sehr großen Muskel- und Bandansatzflächen	Geringere Muskel- und Bandansätze
Schäfte des Femur stark nach vorne (ventral) und der des Radius nach außen (lateral) gebogen	Schaft des Femurs weniger stark nach vorne gebogen, der Schaft des Radius meist gerade
Die distalen Langknochen, Unterschenkel (Tibia) und Unterarm (Radius/Ulna) relativ kurz	Die Schäfte des Unterschenkels und des Unterarms länger
Gelenkfläche des Schulterblattes (Fossa glenoidalis) lang, schmal und relativ flach	Gelenkfläche runder und tiefer
Blatt des Schulterblattes sehr breit	Breite des Schulterblattes reduziert
Die nach außen gewandte (laterale) Kante des Schulterblattes mit Vertiefung (Sulcus), an der dem Körper abgewandten Seite (dorsal)	Frühe anatomisch moderne Menschen und moderne Sportler: Vertiefung an der körperabgewandten und zugewandten Seite; Sonstige moderne Menschen: Vertiefung nur auf der dem Körper zugewandten Seite
Unteres Fingerglied (Phalanx) des Daumens (Pollux) ist ungefähr so lang wie das obere Fingerglied	untere Phalanx ca. ⅓ kürzer als obere Phalanx
obere Fingerglieder sehr groß	obere Fingerglieder kleiner
Knöcherne Fingerspitzen groß und gerundet	Knöcherne Fingerspitzen schmaler und spitzer
Starke Muskelansätze an den Fingerknochen	Schwächere Muskelansätze
Im Bereich der Handwurzel, großer Carpaltunnel, deutet auf große Bänder und damit auf starke Muskulatur zum Schließen und Öffnen der Hand hin – (Schraubstockgriff)	Kleinerer Carpaltunnel
Gelenkenden der Langknochen robust und groß	Gelenkenden der Langknochen kleiner dimensioniert
Schäfte der Langknochen dickwandig	Schäfte der Langknochen meist weniger dickwandig

Die Skelettmerkmale von Neandertalern im Vergleich zum anatomisch modernen Menschen

NEANDERTALER	MODERNER MENSCH
Schaft des Oberschenkels im Querschnitt rund und ohne Knochenkamm (Pilaster) parallel zur Schaftachse auf der Rückseite (dorsal) des Knochens	Querschnitt des Oberschenkels tropfenförmig mit Ausbildung eines Knochenkammes (Pilaster)
Winkel von 120° zwischen Schaft und Hals des Femurs	Winkel von 124–135° zwischen Schaft und Hals des Femurs
Tibia mit nach hinten (posterior) vorspringenden Gelenkflächen (Kondylen)	Gelenkflächen der Tibia gerade
Schaftquerschnitt der Tibia mandelförmig (spitz oval)	Schaftquerschnitt der Tibia eher gerundet
Kniescheibe dicker	Kniescheibe weniger dickwandig
Vordere Zehenglieder sind vergrößert	Vordere Zehenglieder kleiner
Großzehe mit relativ kurzem vorderen Zehenglied	Vorderes Zehenglied der Großzehe länger
Schambein des Beckens deutlich länger und dünner	Schambein vor allem bei männlichen Individuen kürzer und breiter
Kreuzbein nach vorne verlagert	Kreuzbein nach hinten orientiert
Darmbeinschaufel nach außen gedreht	Darmbeinschaufel stärker nach innen gedreht
Hüftgelenk nach außen gedreht	Hüftgelenk nach innen orientiert
Körperhöhe der Neandertaler Europa: 155–165 cm Naher Osten: 155–179 cm Durchschnitt: 166 cm	Körperhöhe der frühen anatomisch modernen Menschen Europa: keine Vergleichsdaten verfügbar Naher Osten: keine Vergleichsdaten verfügbar Durchschnitt: 178 cm

Die »typischen« Neandertaler: ein ideales Konstrukt

Generell lassen sich Neandertaler und moderne Menschen anhand der Schädelmerkmale gut unterscheiden. Der Schädel der Neandertaler ist lang und in der Rückansicht gerundet, die Gesichter sind groß, lang mit vorragendem Kiefer und Nasenpartien, dem sogenannten Spitzgesicht. Vorsicht ist jedoch bei der Beurteilung von einzelnen Merkmalen geboten, denn viele können nur graduell unterschieden werden. Größenangaben sind nur relativ zu werten, da auch moderne Menschen in Extremfällen ein z. B. stark vorgewölbtes Hinterhaupt aufweisen. Auch einzelne häufig als typische Neandertalermerkmale beschriebene Kriterien, wie das Vorkommen einer Delle im Bereich des Hinterhauptes (Fossa suprainiaca) oder einer Lücke zwischen dem letzten Backenzahn und dem Unterkieferast (retromolare Lücke) sind bei modernen Menschen bereits beschrieben worden. Dies bedeutet jedoch nicht, dass sich bei diesen Individuen eine nähere Verwandtschaft zum Neandertaler nachweisen läßt. Es handelt sich vielmehr um Merkmale, die auch in der Variationsbreite des modernen Menschen liegen. Als eindeutig sichere Merkmale von Neandertalern, die diese von den anatomisch modernen Menschen abgrenzen, sind neben der typischen Schädel- und Gesichtsform vor allem der Überaugen- und Hinterhauptwulst anzuführen.

Die spezifische Morphologie der Neandertaler wird als eine spezielle Anpassung an die Kältephasen der Eiszeit interpretiert. Allerdings ist es noch nicht gelungen, eindeutig zu klären weshalb Neandertaler eine spezielle Schädelmorphologie ausbildeten. Obwohl gesichert ist, dass Umweltbedingungen und Lebensweise großen Einfluss auf die Morphologie des Menschen haben, ist es unklar, welche Merkmale beim Neandertaler auf Umweltbedingungen und welche auf die Lebensweise zurückgeführt werden können. Dies trifft vor allem auf solche Merkmale zu, die nicht muskulaturabhängig sind und die somit nicht unmittelbar etwas mit der Lebensweise zu tun haben müssen. Als Beispiel kann die Gesichtsmorphologie der Neandertaler gelten. Obwohl mittlerweile meist Einigkeit darüber herrscht, dass der spezielle Einsatz des Kauapparates hier eine wesentliche Rolle spielt, ist nicht geklärt, ob die Ursache ein erhöhter Kaudruck ist, der durch die Kiefer erzeugt wird, oder ob der Einsatz der Frontzähne als sogenannte »dritte Hand« hier

Ein Vergleich der Schädelmerkmale des Neandertalers und des anatomisch modernen Menschen

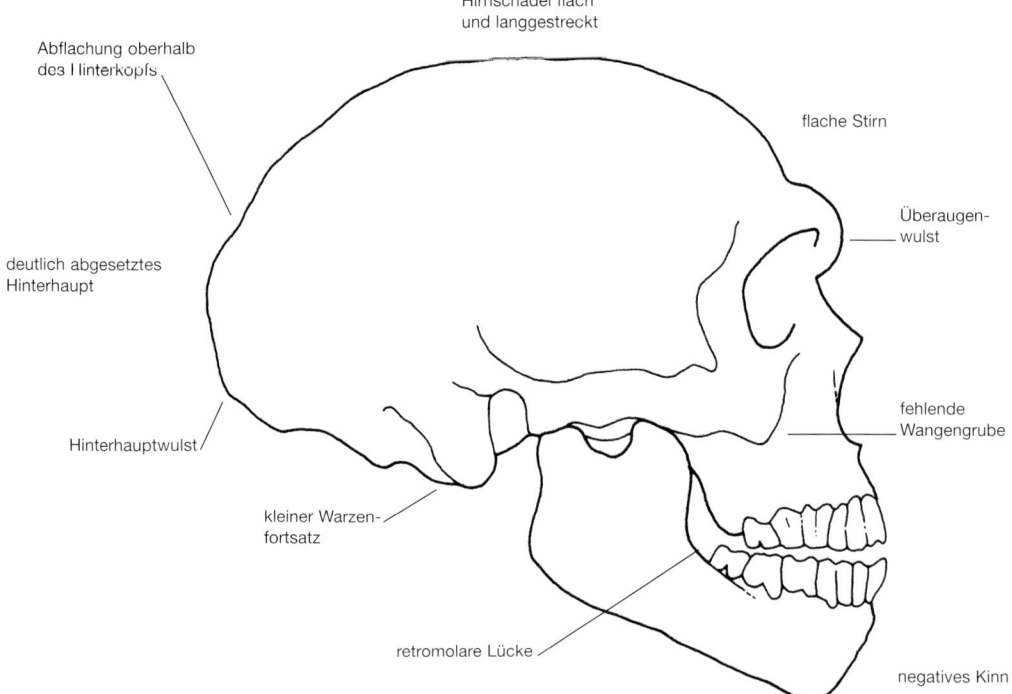

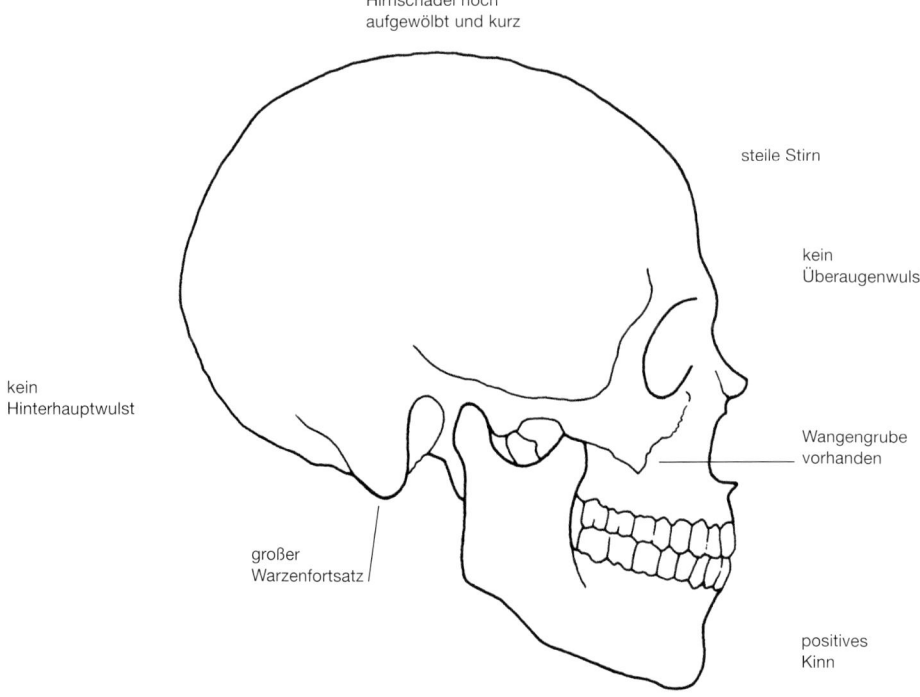

 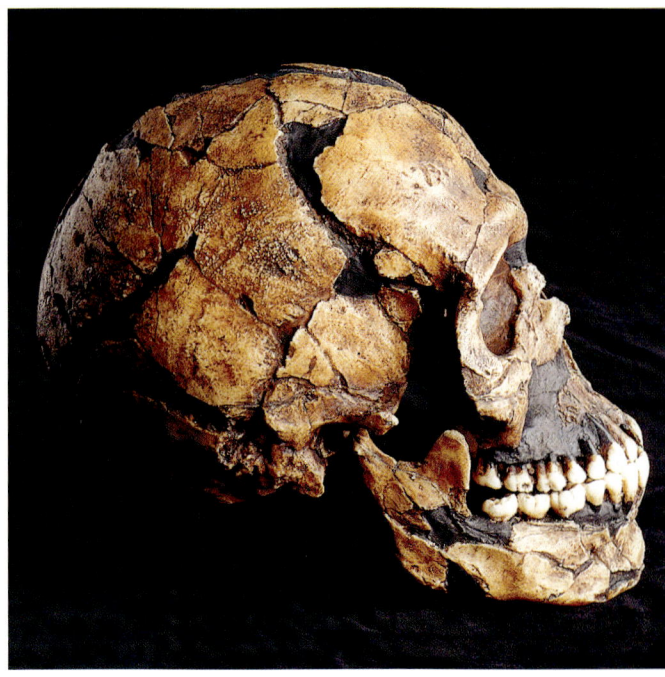

Ein Vergleich zwischen zwei Funden eines Neandertalers und eines anatomisch modernen Menschen aus Israel. Links der ca. 60 000 Jahre alte Neandertaler von Amud, rechts der ca. 90 000 Jahre alte Fund Quafzeh 9, ein anatomisch moderner Mensch.

eine Rolle spielt. Letzteres ist durch die spezifische Abnutzung der Zähne, unter anderem auch durch mikroskopische Analysen in Form von Beschädigungen des Zahnschmelzes nachgewiesen. Weiterhin konnten Untersuchungen belegen, dass neben den Frontzähnen selbst auch der Zahnhalteapparat in dieser Region deutlich verstärkt ist. Trotz dieser Hinweise, dass vor allem die vertikale Ausdehnung des Neandertalergesichtes funktionsmorphologisch als Anpassung auf die starke Beanspruchung des Frontzahnbereiches zu deuten ist, sind die spezielle Struktur der knöchernen Nasenöffnung, der Kiefer- und Stirnhöhlen so-wie des Überaugenwulstes in ihrer evolutionsmorphologischen Funktion immer noch nicht eindeutig erklärbar.

Die Unterscheidung des Körperskelettes von Neandertalern und anatomisch modernen Menschen ist wesentlich problematischer als die Unterschiede der Schädel. Das Körperskelett der Neandertaler kann nach den auf den Seiten 32–34 angegebenen Kriterien gegenüber dem modernen Menschen als extrem robust bezeichnet werden. Es ist durch einen tiefen, runden und breiten Oberkörper und gedrungene Gliedmaßen gekennzeichnet. Die Basisstruktur der Muskulatur und des Knochenbaus ist jedoch vom anatomisch modernen Menschen nicht zu unterscheiden. Die Unterschiede des Körperskelettes lassen sich beim Neandertaler vor allem auf die Robustizität und seine starke Muskulatur zurückführen. Gerade diese Merkmale sind aufgrund der individuellen Variationsbreite im Einzelfall schwer zu beurteilen. Bei Funden von Einzelknochen, die die Masse des Fundmaterials darstellen, kann es gerade bei unsicheren Schichtverhältnissen oder Fundumständen schwierig sein, diese Knochen oder deren Fragmente eindeutig als Neandertalerreste zu bestimmen. Dies ist zum Teil damit begründet, dass viele der oben aufgeführten Kriterien zwar grundsätzlich bei Neandertalern vorkommen, aber nicht alle bei jedem Individuum vorhanden sein müssen oder deutlich ausgeprägt sind.

Viele Merkmale, die auf Robustizität beruhen, wie die Knochendicke und die Massivität der Gelenkenden im Vergleich zur Schaftlänge der Langknochen, lassen sich durchaus auch bei den frühen anatomisch modernen Menschen des Jungpaläolithikums finden. Dies hat weniger etwas mit der zeitlichen Verwandtschaft, als vielmehr mit der Tatsache zu tun, dass auch der Homo sapiens sapiens des Jungpaläolithikums als Jäger und Sammler im eiszeitlichen Klima lebte. Diese spezielle Klimasituation und die Lebensweise beinhaltet eine große körperliche Aktivität, die bereits bei Kindern feststellbar ist. Daraus resultieren eine starke Entwicklung der Muskulatur und der Knochendicke. Grundsätzlich sind diese Merkmale als typische Kriterien für Jäger und Sammler zu bezeichnen, die unter den wechselhaften klimatischen Verhältnissen der Eiszeit lebten. Eine Reduzierung der Länge der Extremitäten und die Vergrößerung der Gelenkenden ist ebenfalls als eine solche Anpassung zu interpretieren. In einer jüngst veröffentlichten Untersuchung der Entwicklung des menschlichen Körperskelettes durch Osbjorn Pearson von der Universität New Mexico konnte festgestellt werden, dass das Skelett des jungpaläolithischen modernen Menschen sich der heutigen rezenten Form erst nach dem letzten Kältemaximum vor 20 000 Jahren angenähert hat. In der Zeit ab 20 000 Jahren lassen sich die Unterschiede in der Robustizität zwischen Neandertalern und den frühen anatomisch modernen Menschen gut fassen. Die Proportionen des Körperskelettes dieser frühen anatomisch modernen Menschen in Europa ähneln nach der Studie von Pearson ihren Vorfahren aus Afrika und dem Nahen Osten. Ihre Anatomie scheint sich nach dem Kältemaximum an das eiszeitliche Klima angepaßt zu haben, was sich in der Robustizität der späteren Jungpaläolithiker und nacheiszeitlichen Jäger-Sammler bis zu rezenten arktischen Populationen der Inuit und Sami niederschlägt.

Die bislang vorliegenden Erkenntnisse zeigen jedoch, sowohl in der Schädel- wie auch in der Morphologie des Körpers, dass es sich bei der Summe der Merkmale nicht um rein willkürliche oder zufällige Ausprägungen oder Variationen handeln kann, sondern dass es sich bei den Neandertalern um eine Menschenform handelt, die an ihre Lebensweise und das wechselhafte eiszeitliche Klima optimal angepasst war.

Neandertaler und anatomisch moderne Menschen: die unscharfe Trennlinie

Ein Beispiel für ein schwieriges Unterscheidungsmerkmal ist am Schulterblatt des Neandertalers zu finden. Das Blatt des Schulterblattes (Scapula) weist an der nach außen gewandten (lateralen) Kante auf der körperabgewandten (dorsalen) Seite eine rillenartige Vertiefung (Sulcus) auf. Der Sulcus dient als Ansatzfläche für Muskulatur. Die starke Vertiefung auf der dorsalen Seite beim Neandertaler deutet auf eine sehr stark

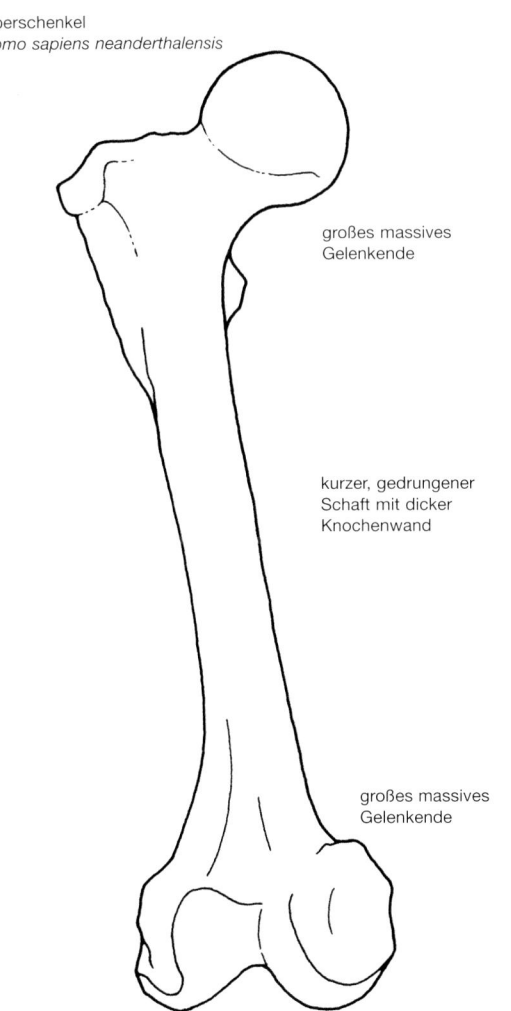

Oberschenkel
Homo sapiens neanderthalensis

großes massives Gelenkende

kurzer, gedrungener Schaft mit dicker Knochenwand

großes massives Gelenkende

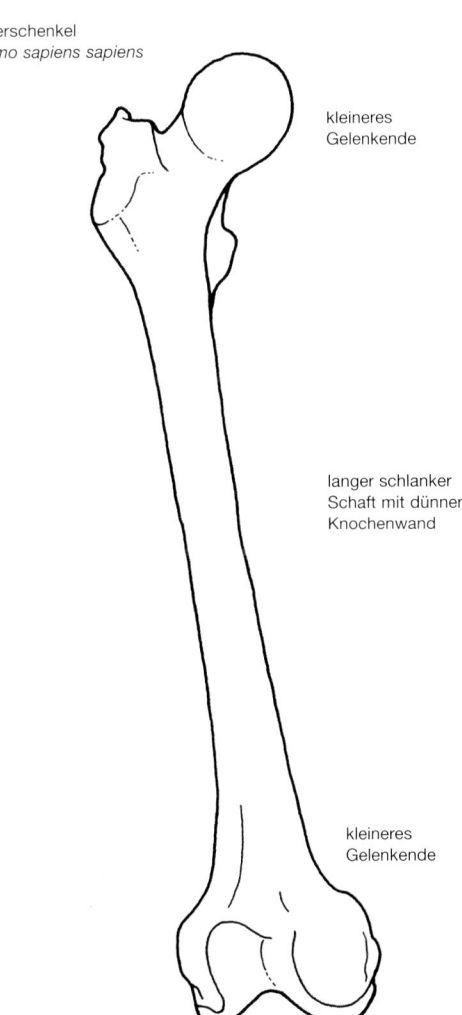

Oberschenkel
Homo sapiens sapiens

kleineres Gelenkende

langer schlanker Schaft mit dünner Knochenwand

kleineres Gelenkende

Die Langknochen von Neandertalern weisen im Gegensatz zu denen des anatomisch modernen Menschen einen kürzeren kompakten Schaft und massivere Gelenkenden auf.

entwickelte Oberarmmuskulatur hin. Der moderne Mensch besitzt diese Vertiefung auf der gegenüberliegenden ventralen, also dem Körper zugewandten Seite. Frühe anatomisch moderne Menschen (Jungpaläolithiker) und moderne Sportler weisen häufig eine doppelte Vertiefung auf der ventralen und dorsalen Seite auf. Allerdings liegen auch einige wenige Belege für einen dorsalen Sulcus bei jungpaläolithischen Menschen vor, wie z. B. bei der Bestattung eines Mannes aus der Barma Grande in Ligurien, Italien.

Außerdem gelang vor kurzem der Nachweis eines für den Neandertaler typischen dorsalen Sulcus bei einer modernen Population, die aus dem 16. bis 19. Jh aus Ensay, Äußere Hebriden, Schottland stammt. 11% der dort bestatteten Personen wiesen am Schulterblatt einen solchen dorsalen Sulcus auf. Bemerkenswert ist dabei, dass es sich um eine Bevölkerung handelte, die schwer körperlich arbeitete und ihren Lebensunterhalt mit Landwirtschaft und Fischerei bestritt. Vergleichbares zeigen Funde aus Patagonien, Chile aus der Zeit vor dem Kontakt mit Europäern. Diese indianische Population wies an der Scapula ebenfalls teilweise einen dorsalen Sulcus auf, auch diese Bevölkerung nutzte intensiv Boote (Kanus) als Fortbewegungsmittel. Ungeklärt bleibt, warum andere Populationen, wie z. B. von den Aleuten, die ebenfalls Boote als Fortbewegungsmittel und zur Nahrungsgewinnung nutzen, dieses Merkmal an der Scapula nicht aufweisen. Diese Untersuchungen zeigen jedoch, dass ein solches muskulaturabhängiges Merkmal nur bedingt als Unterscheidungskriterium zwischen Neandertaler und modernem Menschen dienen kann. Bei allen als typisch bezeichneten Merkmalen, die die Neandertaler cha-

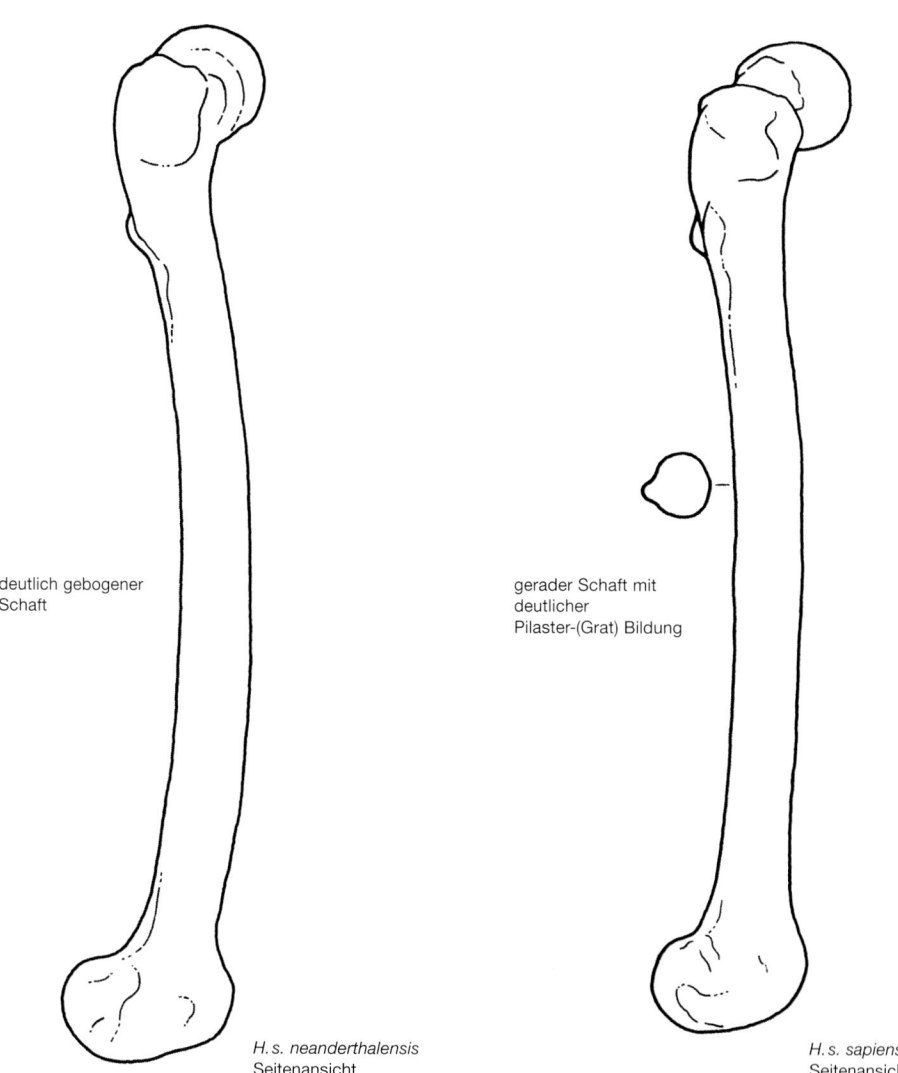

In der Seitenansicht des Oberschenkels zeigt sich die für die Neandertaler typische Krümmung.

deutlich gebogener Schaft

gerader Schaft mit deutlicher Pilaster-(Grat) Bildung

H. s. neanderthalensis Seitenansicht

H. s. sapiens Seitenansicht

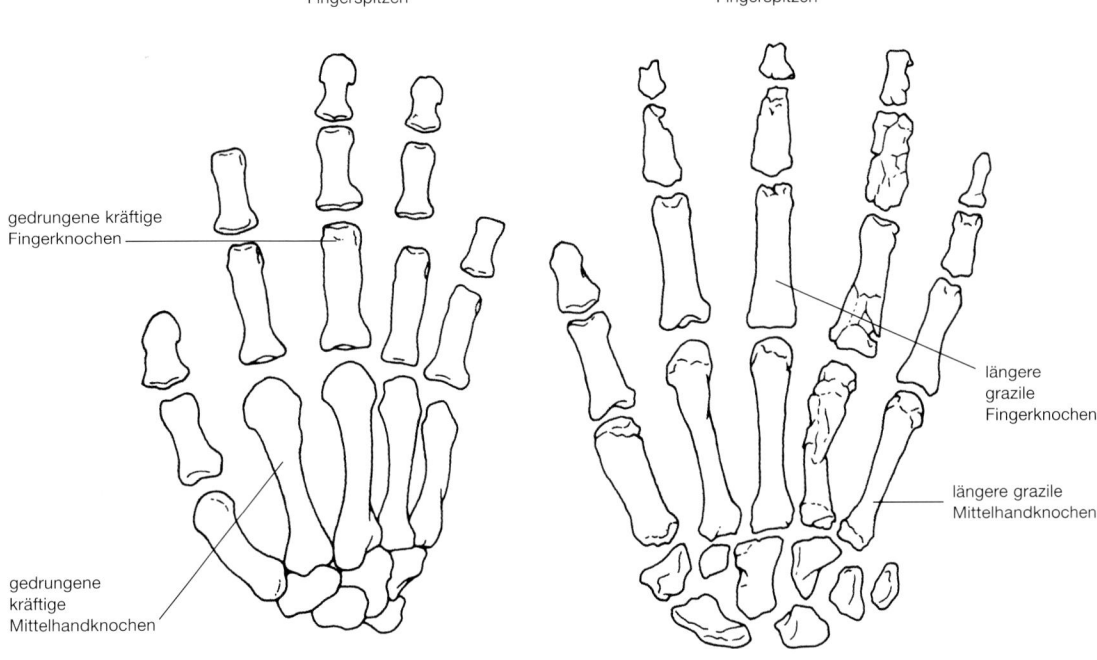

Die Robustheit der Neandertaler zeigt sich bis in die Fingerspitzen.

rakterisieren, sollte zwischen erworbenen und ererbten Merkmalen unterschieden werden. Vor allem die muskulaturabhängigen Merkmale des Körperskelettes sind in vielen Fällen für die spezielle Lebensweise der Neandertaler bzw. von Jägern und Sammlern charakteristisch und müssen nicht zwangsläufig zu den spezifischen genetisch verankerten und damit ererbten Merkmalen der Neandertaler gehören.

Ein spezifisches Problem, das durch moderne Untersuchungsmethoden erkannt wurde stellt die möglicherweise charakteristische Position des Innenohres des Neandertalers dar. Computertomografische Untersuchungen des sogenannten Labyrinthes im Innerohr, die bei zehn Neandertalern, vier jungpaläolithischen, 53 rezenten Individuen des anatomisch modernen Menschen sowie drei Funden von Homo erectus durchgeführt wurden, ließen einen deutlichen Unterschied bei den Neandertalern zu allen anderen untersuchten Funden erkennen. Bei dem untersuchten Bereich handelt es sich um eine Struktur, die aus mehreren halbkreisförmigen Bögen gebildet wird und das Gleichgewichtsorgan des Menschen bildet. Der hintere Bereich dieser Bögen liegt beim Neandertaler tiefer als bei Homo erectus und dem anatomisch modernen Menschen.

Daraus wurde abgeleitet, dass Neandertaler und anatomisch moderne Menschen weniger nah miteinander verwandt sind als Homo erectus und der anatomisch moderne Mensch. Weiterhin wurde dieses Argument benutzt, um die These zu untermauern, dass es sich bei beiden Menschenformen um unterschiedliche Arten und nicht um Unterarten handelt.

Neue Untersuchungen durch Christoph Zollikofer und Marcia Ponce de Léon von der Universität Zürich zeigen jedoch am jugendlichen Neandertaler von Le Moustier bei eben jenem Kriterium im Vergleich zum Homo sapiens sapiens keine Abweichungen. Es handelt sich demnach nicht um ein artspezifisches Kennzeichen der Neandertaler, wie zunächst vermutet worden war, sondern um ein variables Merkmal.

Sind wirklich alle Neandertaler gleich?

Die genannten Kriterien (Seite 32–34) stellen die Summe der wesentlichen Merkmale dar, die Neandertaler als Menschenform definieren und vom anatomisch modernen Menschen unterscheiden. Allerdings ist festzuhalten, dass diese Merkmalliste nicht bei allen Neandertalerfunden in exakt dieser Kombination auftritt. Mit einem Merkmalkatalog wie dem oben stehenden wird

Das Schulterblatt der Neandertaler weist am vorderen Rand im Gegensatz zum heutigen Menschen eine tiefe Grube (Sulcus) auf der körperabgewandten Seite auf. Dies deutet auf eine sehr kräftige Schultermuskulatur hin.

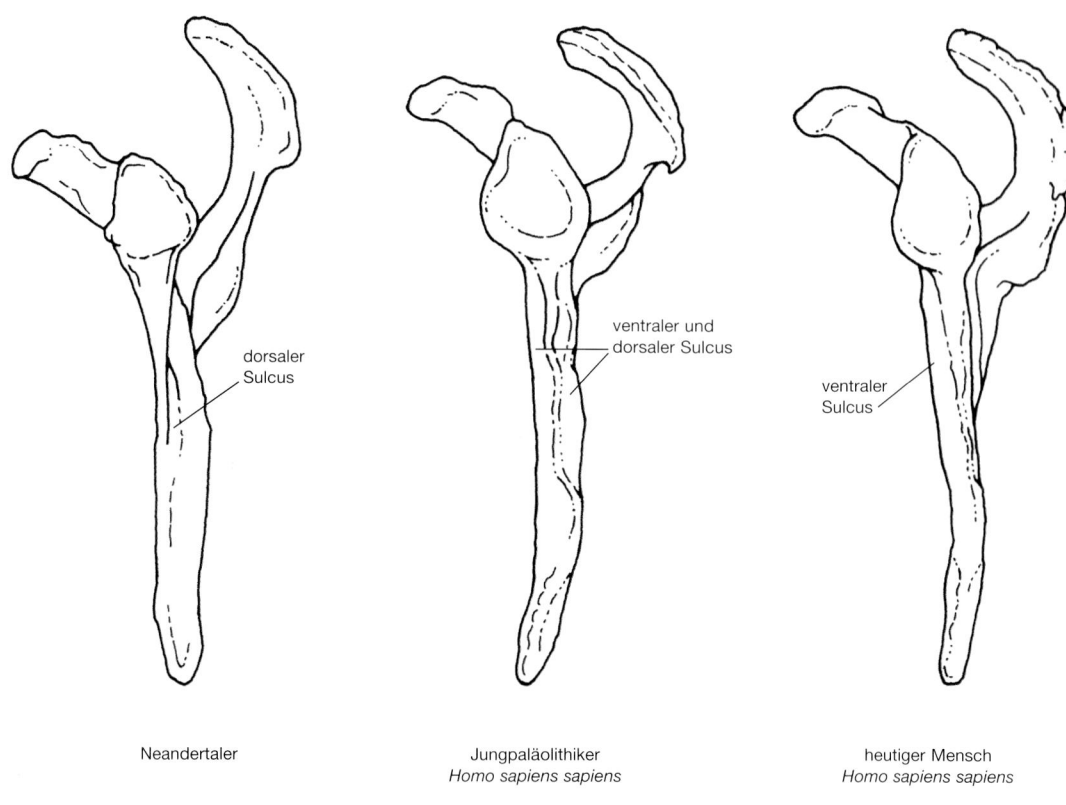

Neandertaler   Jungpaläolithiker *Homo sapiens sapiens*   heutiger Mensch *Homo sapiens sapiens*

ein typischer und damit künstlicher Neandertaler kreiert, der sämtliche beobachteten Merkmale in sich vereint. In Wirklichkeit ist die Variationsbreite der Neandertaler sowohl regional als auch zeitlich sehr groß. Es wäre unrealistisch zu erwarten, dass ein Neandertaler, der vor 130 000 Jahren existiert hat, morphologisch mit einem 28 000 Jahre alten Fund völlig identisch ist. Das Gleiche trifft auf europäische Neandertaler und solche aus dem Nahen Osten zu. Dennoch haftet vor allem den so genannten »klassischen« Neandertalern (130 000 – ca. 30 000 v. h.) die Vorstellung an, sie seien als Menschenform völlig homogen und hätten sich während ihrer Existenz von ca. 100 000 Jahren morphologisch nicht verändert. Wie kaum eine andere Menschenform wurden die Neandertaler in ein Typen-Konzept gepresst, das noch aus dem 19. Jahrhundert stammt und das z. T. noch immer die Vorstellungen prägt. Ein Beispiel ist der amerikanische Anthropologe Carleton S. Coon, der für seine These bekannt wurde, dass die spezifischen am Skelett fassbaren Merkmale der Neandertaler im Leben nicht sehr deutlich hervorgetreten sind. Auf Coon geht die Vorstellung zurück, dass ein modern gekleideter Neandertaler z. B. in der U-Bahn nicht erkannt würde. Er vertrat in den frühen sechziger Jahren auch die Auffassung, dass die Neandertaler eine sehr homogene Art seien und dass starke selektive Faktoren zu ihrer Zeit wirksam gewesen sein müssen, die dazu führten, dass alle andersartigen Individuen ausgemerzt wurden. Eine Auffassung, die in der Folge von vielen Paläoanthropologen geteilt wurde.

Ausgehend von dem Teilskelett aus dem Neandertal und vor allem dem wesentlich vollständigeren Fund von La Chapelle-aux-Saints wurde ein »Muster-Neandertaler« konstruiert, mit dem alle anderen Funde verglichen wurden. Dies war zunächst mit der Vollständigkeit des Skelettes von La Chapelle zu begründen. Allerdings handelt es sich bei diesem Individuum um einen in mehrerer Hinsicht ungewöhnlichen Fall. Zum einen weist das Skelett mehrere pathologische Befunde auf, die auch die Morphologie verändert haben, und zum anderen ist der Neandertaler von La Chapelle-aux-Saints in vielen Punkten der Neandertalermorphologie ein Extrembeispiel. Vor allem die zeitgleichen Funde aus der Würm-Eiszeit weisen untereinander z. T. große Unterschiede auf, so dass es kaum möglich ist, ein bestimmtes Individuum als typisch zu beschreiben. So haben einige Funde einen deutlich geringeren Überaugenwulst *(Torus supraorbitale)* (Gibraltar und Sala), andere lassen das vorgewölbte Hinterhaupt vermissen (La Ferrassie, Le Moustier). Die einen haben wiederum eine deutlich niedrigere Stirn (Neandertal), während die anderen eine steilere Stirn aufweisen (Spy 2). Die typisch gerundete Schädelform mit der größten Schädelbreite in der Mitte ist ebenfalls nicht bei allen Funden vorhanden (Spy 2). Auch eines der typischsten Merkmale am Unterkiefer, das fehlende oder fliehende Kinn, ist bei einigen Neandertalern nicht vorhanden. Einige Neandertaler weisen durchaus ein so genanntes neutrales oder gerades bis positives, also vorstehendes Kinn wie der moderne Mensch auf (La Ferrassie, Monte Circeo 2+3, Zafaraya und La Quina 9).

Alle hier exemplarisch genannten Unterschiede innerhalb der Neandertaler lassen sich nur zum Teil durch Zeitunterschiede erklären. Viele Merkmale sind weder vom Lebensalter noch vom Geschlecht der Individuen abhängig. Diese Unterschiede in der Morphologie sind ausschließlich durch die Variationsbreite der Neandertaler zu erklären, die ganz offenbar auch in ihrer so genannten klassischen Phase eine sehr variable Menschenform darstellen.

Männlich oder weiblich

Der morphologische Unterschied der Skelettreste von männlichen und weiblichen Neandertalern *(Sexualdimorphismus)* lässt sich mit dem des modernen Menschen durchaus vergleichen. Ein typisches Merkmal des Sexualdimorphismus ist die geringere Körpergröße bei weiblichen Individuen. Im Durchschnitt beträgt die Größe eines weiblichen Neandertalers 95 % des durchschnittlichen männlichen Individuums. Dies liegt innerhalb der Variationsbreite des modernen Menschen, bei dem die durchschnittliche Körpergröße der Frauen zwischen ca. 90–96 % der Größe der Männer liegt. In der Unterscheidung männlicher und weiblicher Skelettreste liegen grundsätzlich die gleichen Kriterien zugrunde wie beim modernen Menschen. Eine Ausnahme stellt lediglich die Robustizität der Knochen, wie die Größe der Gelenke oder die Dicke der Knochen und die Deutlichkeit der Muskulaturansätze an den Knochen dar. Diese Kriterien, die beim anatomisch modernen Menschen häufig, aber nicht immer zuverlässig, als Hinweise auf das Geschlecht herangezogen werden, lassen sich bei Neandertalern nicht verwenden. Dies bedeutet, dass weibliche Neandertaler zwar im Durchschnitt eine geringere Körpergröße erreichen, sich aber bezüglich der Robustizität des Körperbaus und der Muskulatur

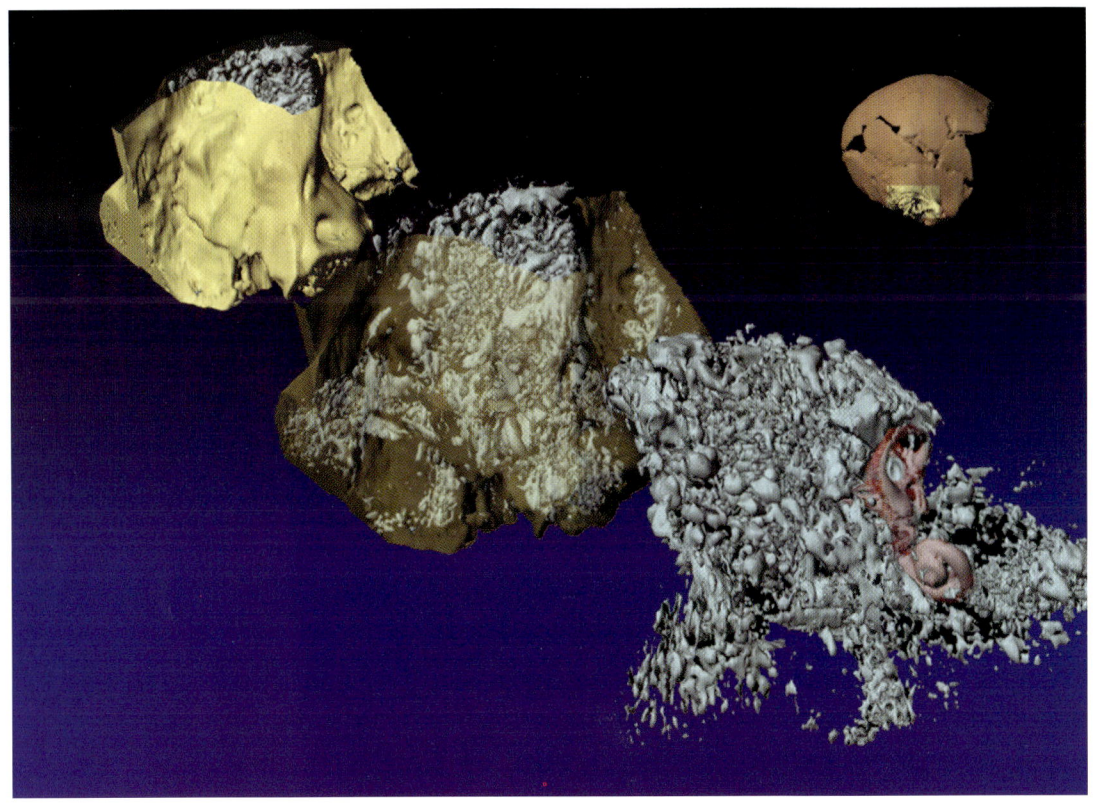

Die Lage des Innenohres (rot) im Felsenbein des Schädels. Die Untersuchung der Lage der Bogengänge der so genannten Schnecke bei dem Neandertaler von Le Moustier zeigte, dass diese dem anatomisch modernen Menschen entspricht.

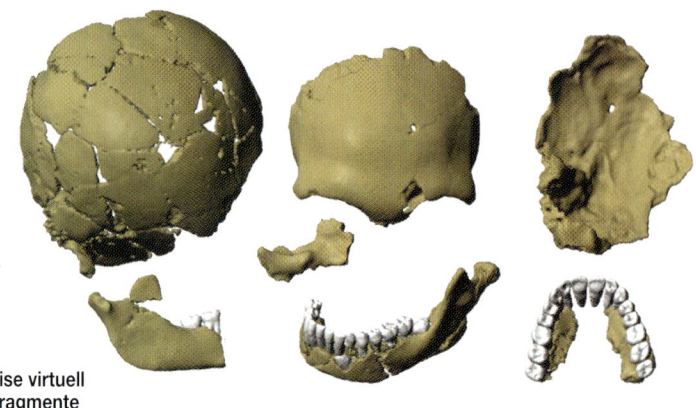

Die bereits teilweise virtuell rekonstruierten Fragmente des Schädels von Le Moustier.

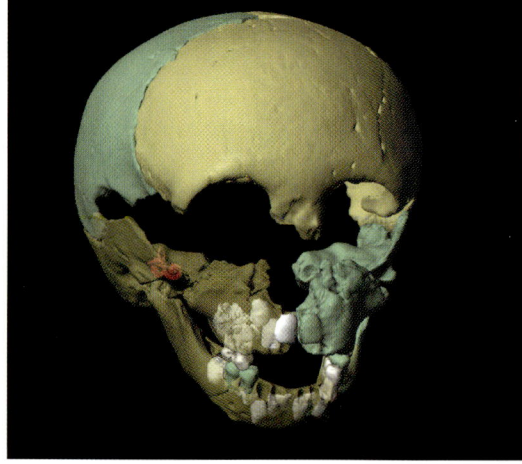

Die virtuelle Rekonstruktion des Neandertalerkindes von Gibraltar. Die grün gefärbten Bereiche sind im Original nicht vorhanden und wurden durch Spiegeln in die Rekonstruktion eingesetzt.

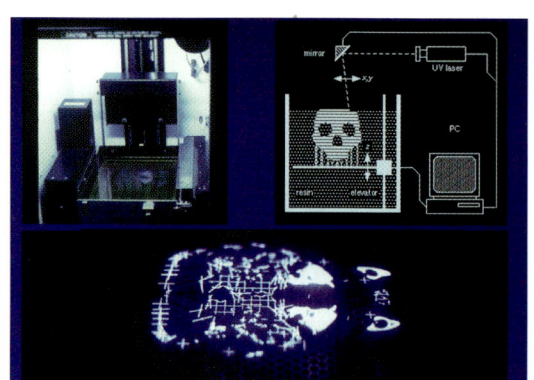

Die Technik der Stereolithografie. Sie beinhaltet die Umsetzung der auf computertomografischen Daten basierenden virtuellen Rekonstruktion. Dabei wird mit Hilfe eines Laserstrahles, der auf das mit Epoxydharz gefüllte Becken auftrifft, das Harz ausgehärtet.

Die Stereolithografie eines teilweise virtuell ergänzten Neandertalers.

nicht von den männlichen Individuen unterscheiden. Allerdings scheinen in der Knochendicke deutliche Geschlechtsunterschiede fassbar zu sein. So lässt vor allem der rechte Oberarm der männlichen Neandertaler im Durchschnitt eine wesentlich größere Knochenmasse erkennen als dies bei weiblichen Neandertalern oder anatomisch modernen Menschen der Fall ist. Am Schädel lassen sich ähnlich wie beim modernen Menschen vor allem Unterschiede in der Länge und Höhe des Schädels sowie der Gesichtshöhe fassen. Teilweise sind diese Unterschiede jedoch beinahe drei mal so groß wie beim modernen Menschen. Trotz der durchaus vorhandenen und erkennbaren Geschlechtsunterschiede bleibt es in jedem Fall problematisch, anhand von Einzelknochen und sogar von Schädeln das Geschlecht von Neandertalern zu bestimmen. Die Ursache ist vor allem in der oben erwähnten Variationsbreite und der verhältnismäßig geringen Vergleichsbasis von Funden zu suchen. Die sicherste und eindeutigste Möglichkeit, das Geschlecht zu bestimmen, liegt nur bei Teil- oder vollständigen Skeletten vor, bei denen auch die Beckenregion erhalten ist. Dies ist vor allem mit den biologischen Faktoren des Geburtsvorganges zu begründen. Allerdings liegen nur bei insgesamt zehn erwachsenen Neandertalern aus Europa mehr oder weniger vollständige Becken vor. Einschränkend muss zudem festgestellt werden, dass es auch außerhalb Europas kaum ein ausreichend gut erhaltenes Becken eines eindeutig weiblichen Neandertalers gibt. Bei den meisten Funden blieben nur die Beckenschaufeln und das angrenzende Sitzbein erhalten. Das weitaus fragilere Schambein und der Schambeinast fehlen häufig oder sind sehr stark fragmentiert, so dass größere Bereiche ergänzt werden müssen. Lediglich bei der Neandertalerin aus Tabun in Israel wurde ein relativ komplettes Becken gefunden. Die wenigen gut erhaltenen Fragmente von weiblichen Becken zeigen jedoch, dass nicht alle Merkmale, die beim modernen Menschen eine Unterscheidung von männlichen und weiblichen Becken erlauben, auch bei Neandertalern gelten. Dies ist vor allem darauf zurückzuführen, dass das Becken der Neandertaler in den Proportionen im Vergleich zum heutigen Menschen abweicht. Die Gründe für diese Unterschiede sind allerdings noch weitgehend ungeklärt. Wahrscheinlich hängt die spezielle Form des Neandertalerbeckens auch mit der so genannten fassartigen Form des Oberkörpers und des Rumpfes zusammen.

Den Neandertalern ins Gesicht geschaut: Rekonstruktionen

Der Wunsch, das Aussehen der Neandertaler zu rekonstruieren, wurde unmittelbar nach der Entdeckung im Neandertal deutlich. Bereits 1888 veröffentliche der erste Bearbeiter des Skelettes, Hermann Schaaffhausen, eine zeichnerische Rekonstruktion des Kopfes, die natürlich aufgrund der fehlenden Gesichtsknochen völlig hypothetisch war (siehe S. 14). Eine ebenfalls von Schaaffhausen zur gleichen Zeit bei einem Bildhauer in Auftrag gegebene plastische Rekonstruktion ist heute verschollen. Beinahe alle Funde von Neandertalern wurden danach zumindest zeichnerisch rekonstruiert. In den meisten Fällen spiegeln diese Darstellungen ebenso wie plastische Rekonstruktionen den jeweiligen Zeitgeist wider (siehe »Das Image-Problem des Wilden Mannes«). Bei der Rekonstruktion des Aussehens wurde seit jeher wesentlich größeres Gewicht auf den Schädel und das Gesicht gelegt, als auf das Körperskelett. Dies hat nur zum Teil etwas mit der Erhaltung der Skelettreste zu tun, denn bereits frühzeitig lagen zumindest Teilskelette von Neandertalern vor, wie vom namengebenden Fundort, dem belgischen Spy (1886) und etwas später von La Chapelle-aux-Saints (1908). Das Hauptinteresse liegt bis heute auf der Wiederherstellung der Gesichter. Bereits zu Anfang wurde die Abhängigkeit der Gesichtsweichteile vom Schädelskelett erkannt, allerdings verkörperten die ersten plastischen Rekonstruktionen in Form von Büsten oder Ganzkörperstatuen noch deutlich das zeitgenössische Klischee einer Mischung aus äffischen und »primitiven« Merkmalen. Letztere wurden oft als eine Mischung aus Zügen Geisteskranker und Vorstellungen der sozialen Unterschicht abgebildet. Nach den damaligen Methoden wurden Durchschnittswerte von Weichteildicken ermittelt, die an Leichen gewonnen wurden. Diese Werte wurden angewendet, indem man Tonpyramiden oder Säulen auf einen Abguss des Schädels aufbrachte, die in der Dicke diesen Durchschnittswerten entsprachen. Die Zwischenräume wurden danach von einem Bildhauer mit Ton ausgefüllt. Bei dem Ergebnis handelte es sich allerdings nicht um eine individuelle Person, vielmehr war man daran interessiert, eine bestimmte Menschenform im Sinne eines Rassetypus darzustellen. Den meisten bis in die sechziger Jahre hergestellten plastischen Rekonstruktionen, bei denen es sich meist um Büsten handelte, liegt der Schädel des Neandertalers von La Chapelle-aux-Saints zugrunde. Dies hat immer wieder Anlass zu Kritik geboten, da es sich wie bereits erwähnt um ein Individuum handelt, dessen Schädel nicht nur erst in den achtziger Jahren des 20. Jahrhunderts korrekt zusammengesetzt wurde, sondern das auch aufgrund seiner

Bereits in dieser ersten Rekonstruktion des Neandertalers nach Schaaffhausen, die allein auf dem gesichtslosen Schädelrest aus dem Neandertal basiert, wird das Gesicht sehr affenähnlich dargestellt.

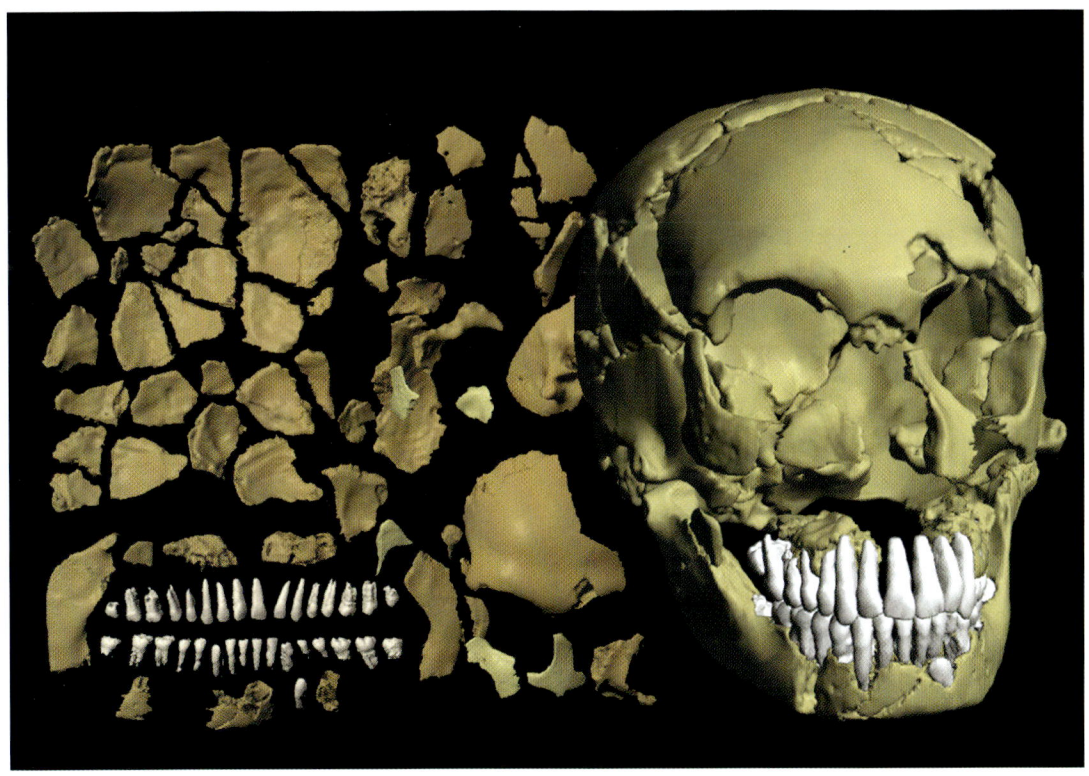

Der Schädel des Neandertalers von Le Moustier als virtuelle Rekonstruktion und in seinen einzelnen Fragmenten.

Neben virtuellen Rekonstruktionen von fragmentarischen Schädelfunden können am PC auch Gesichtsrekonstruktionen durchgeführt werden. Über den rekonstruierten Schädel des jugendlichen Neandertalers von Le Moustier wird eine nach Meßwerten ermittelte Schicht Weichteile in Form eines Rasters gelegt.

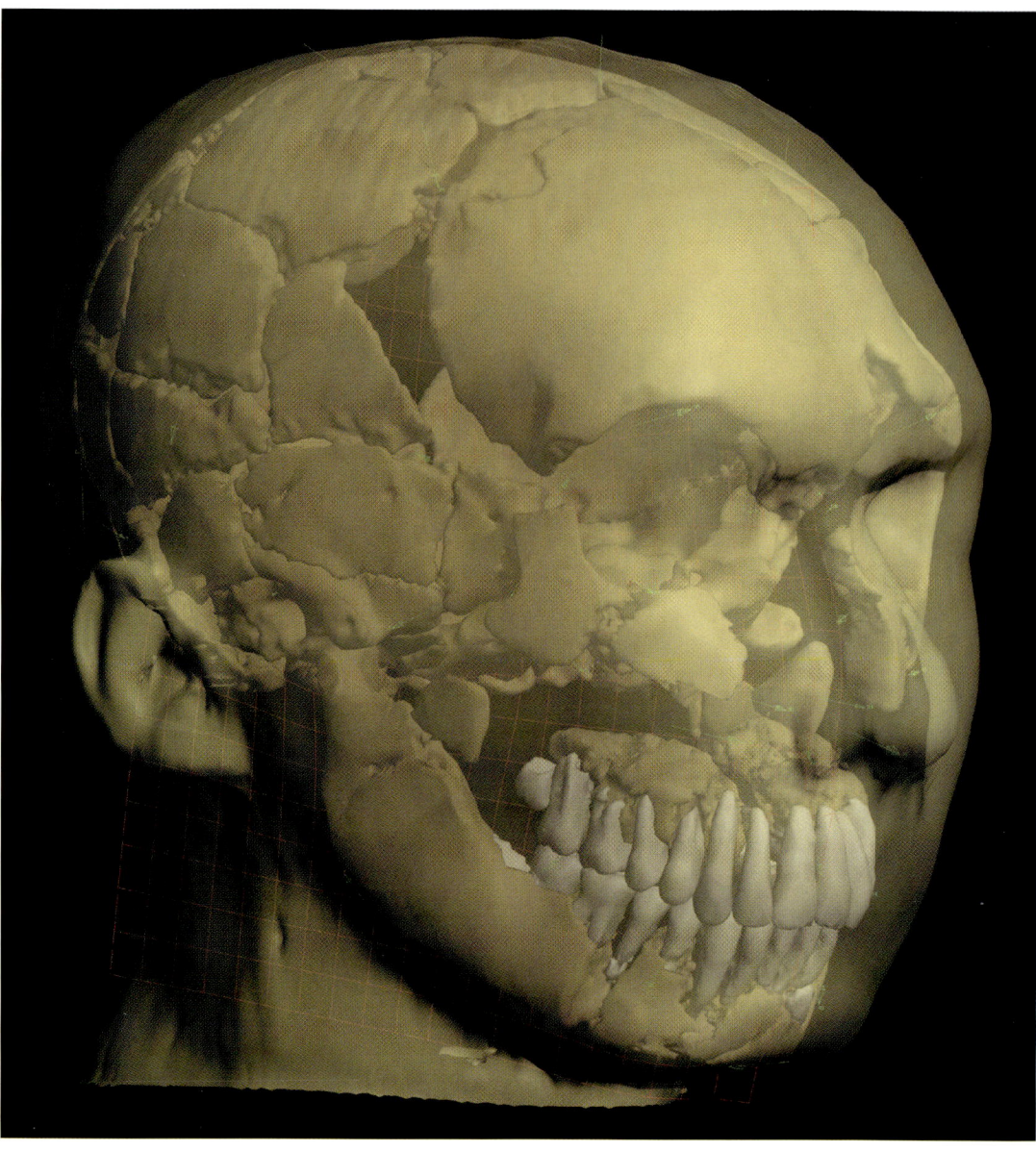

Robustizität und vieler anderer Merkmale sich nicht dazu eignet, einen »Durchschnittsneandertaler« zu verkörpern.

Durch die Rekonstruktionen von Michael Gerassimov, die vor allem in den fünfziger und sechziger Jahren populär waren, wurden zum ersten Mal wirklich individuelle Gesichtszüge modelliert. Gerassimov wurde vor allem durch die Rekonstruktion von Gesichtern historischer Persönlichkeiten und spektakulärer rechtsmedizinischer Fälle bekannt. Bei dem von ihm verwendeten Verfahren wurden neben den üblichen Techniken vor allem die individuellen Lebensdaten und der Gesundheitszustand berücksichtigt. Gerassimov arbeitete im Gegensatz zu vielen anderen ausschließlich mit Weichteildicken und verzichtete darauf, die Muskulatur nachzubilden. Das intuitive Vorgehen Gerassimovs war jedoch neben anderen Faktoren ein großer Kritikpunkt. Seine Rekonstruktionen der Neandertaler, darunter die Funde von Monte Circeo, Saccopastore, Le Moustier, La Quina, La Ferrassie, La-Chapelle-aux-Saints, Gibraltar, Teshik-Tash und Tabun unterscheiden sich jedoch nur wenig von früheren Versuchen, die noch immer von den alten Klischees bestimmt wurden. Ein neuer Ansatz Gerassimovs bestand vor allem in dem Versuch, Individualität darzustellen.

Im Wesentlichen basieren alle Verfahren auf gemessenen Weichteildicken heutiger Menschen, meist wurden diese Basisdaten an Leichen gewonnen und waren dadurch mit Fehlern behaftet, denn bereits wenige Stunden nach dem Tod kommt es zu postmortalen Gewebeveränderungen, die zu einer Reduzierung der Weichteile führen. Ein weiterer Aspekt war die häufig geringe Datenbasis. Die Rekonstruktion der Weichteile des Gesichtes ist nicht nur für die Paläoanthropologie von Interesse, sondern in eingeschränktem Maße auch für die Rechts- oder Forensische Medizin. Bei der Identifizierung von unbekannten skelettierten Leichen spielt die Gesichtsrekonstruktion immer noch eine Rolle. Mittlerweile wurden Programme entwickelt, die es ermöglichen, eine Vielzahl der zur Verfügung stehenden anatomischen Daten zu sammeln und zu verarbeiten. Heutige Gesichtsrekonstruktionen, wie sie beispielsweise von dem Bonner Rechtsmediziner Richard Helmer durchgeführt werden, können auf der Basis von Messdaten, die an lebenden Menschen durch Röntgen – oder Ultraschallverfahren gewonnen wurden, auch am Computer errechnet werden. Dabei liegen bei rechtsmedizinischen Fällen die originalen Schädel und bei paläoanthropologischen Rekonstruktionen exakte Kopien oder Abgüsse zugrunde. Bei der Rekonstruktion von Neandertalern entsteht das Problem, dass nur die Daten heutiger Menschen zur Verfügung stehen. Aus diesem Grund kann auch Gesichtsrekonstruktionen von Neandertalern nicht die gleiche Exaktheit wie solchen heutiger Menschen zugebilligt werden. Häufig stehen heute bei paläoanthropologischen Gesichtsrekonstruktionen die einzelnen Individuen im Vordergrund. Dabei werden alle verfügbaren Erkenntnisse über Lebensalter, Geschlecht, Körperbau, nachweisbare Krankheiten oder individuelle Eigenheiten miteinbezogen. Den Rekonstruktionen von *Homo erectus*, Neandertalern und modernen Menschen, die im Neanderthal Museum zu sehen sind, liegt z.B. dieses Verfahren zugrunde. Auch in diesen Fällen wurde nach dem Fixieren von Messpunkten am Schädel, die die Weichteildicke festlegen, die Muskulatur mit konventionellen Methoden aus Ton auf einen Abguss eines Originalfundes modelliert. Anschließend wurde von dem fertig gestellten Tonmodell ein Silikonabguss hergestellt. Nach dem Einsetzen der Augen, dem Anfügen der Ohrmuscheln, dem Aufbringen der Körperbehaarung wird die Kleidung hinzugefügt. Moderne Verfahren machen auch eine Gesichtsrekonstruktion am Computer durchführbar. Dabei liegen computertomografische Daten zu Grunde, die den Vorteil bieten, auch virtuelle Rekonstruktionen von unvollständigen Schädeln und Gesichtern vornehmen zu können. Anschließend wird ein stereolithografisches Modell des Schädels mit

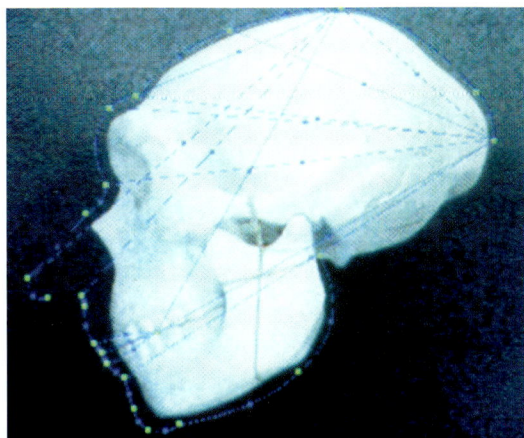

Mit Hilfe eines Computerprogrammes zur Gesichtsrekonstruktion skelettierter Leichen wird die Weichteildicke am Schädel eines Neandertalerfundes ermittelt.

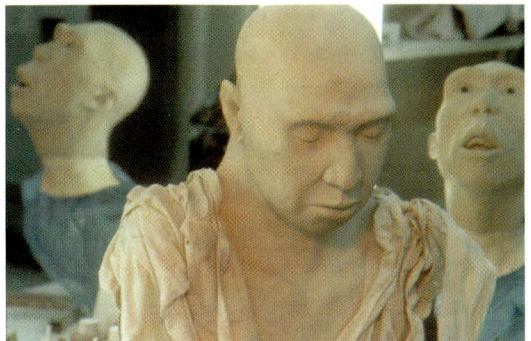

Anhand der ermittelten Maße wird der Kopf aus Ton über einem Abguss des Originalfundes modelliert.

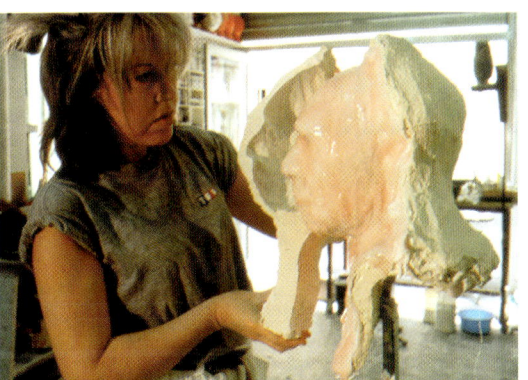

Von dem Tonmodell wird eine Negativform angefertigt.

Die Form wird anschließend mit Silikon ausgegossen.

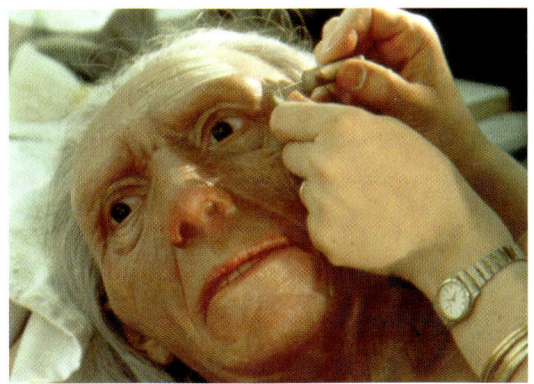

In den aus Silikon gegossenen und kolorierten Kopf werden Haare einzeln eingesetzt.

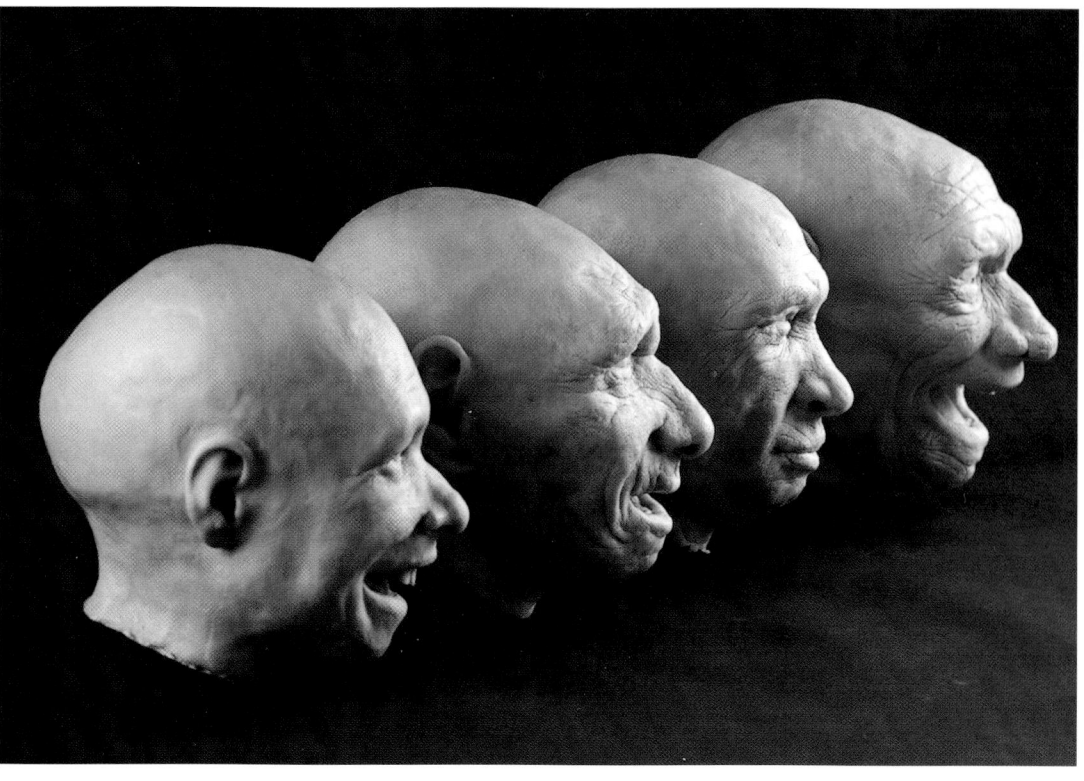

Die Gesichtsrekonstruktionen der hier abgebildeten Neandertaler zeigen deutlich ihre individuelle Variabilität. Von links nach rechts sind folgende Funde abgebildet: Teshik Tash, Monte Circeo, Saccopastore, La Chapelle-aux-Saints

Eine Gesichtsrekonstruktion des Neandertalers von La Chapelle-aux-Saints. Im Gegensatz zu anderen Rekonstruktionen, die Neandertaler meist mit neutralem Gesichtsausdruck zeigen, legen die niederländischen Künstler Alfons und Adrie Kennis Wert auf ausdrucksstarke Mimik und Individualität.

Hilfe einer computergesteuerten Laserfrästechnik erzeugt. Mit Hilfe einer bestimmten Software wird auf das vorhandene oder rekonstruierte Gesicht die Weichteildicke aufgebracht. Auch hier liegen Messwerte von heutigen Menschen zugrunde.

Auch wenn heute modernste Verfahren zur Gesichtsrekonstruktion der Neandertaler zum Einsatz kommen, die zudem auf den Erfahrungen früherer Rekonstruktionsversuche aufbauen, bleibt doch das Endergebnis in vielen Punkten spekulativ. Vor allem die Übertragung der Weichteildicke anhand von heutigen Menschen gewonnenen Daten enthält große Unsicherheitsfaktoren. Es ist zu vermuten, dass Menschen unter eiszeitlichem Klima eine stärkere Fettschicht aufbauen und somit das Aussehen des Gesichtes beeinflusst wird. Das Hauptproblem bei der plastischen Gesichtsrekonstruktion besteht in der Tatsache, dass die Mimik und Ausdrucksfähigkeit des Gesichtes von großer Bedeutung ist. Die dafür zuständige Muskulatur um Mund und Augen besitzt keine Ansatzpunkte am Knochen und kann daher auf dieser Basis nicht rekonstruiert werden. Auch die Augenfarbe, die Form der Ohrmuscheln und der Lippen sowie die Behaarung ist hypothetisch und kann auf der Basis von Knochenmaterial nicht bestimmt werden. Letztendlich können bei paläoanthropologischen Gesichtsrekonstruktionen nur Ähnlichkeiten abgebildet werden, die dem Betrachter einen realistischen Eindruck vom Aussehen eines bestimmten Fossilfundes zu seinen Lebzeiten vermitteln.

Eine Frau des ausgehenden Eiszeitalters im Lederkleid mit Muschelbesatz. Eine Dermoplastik nach dem Fund von Bonn-Oberkassel.

Ein Neandertalerjäger bei der Bearbeitung eines Speerschaftes. Eine Dermoplastik nach dem Fund von Amud in Israel.

Ein Neandertaler bei der Herstellung von Steinwerkzeugen. Eine Dermoplastik nach dem Fund in La Chapelle-aux-Saints.

Sprachfähigkeit

Die Frage, ob die Neandertaler sprechen konnten und wenn ja wie, beschäftigt die Forschung seit langem. Bereits anlässlich des Fundes des Unterkiefers von La Naulette wurde im Jahr 1866 bei einer Tagung das Thema Sprachfähigkeit bei Neandertalern diskutiert. Damals konzentrierten sich die Überlegungen auf die Anatomie des Kiefers und speziell der Kinnregion, während man später vor allem die Schädelbasis, die Gehirnoberfläche und den eigentlichen Vokaltrakt untersuchte, um Hinweise auf Sprachfähig- oder Sprachunfähigkeit zu finden. Nach der Erkenntnis des unmittelbaren Zusammenhanges zwischen der Leistungsfähigkeit der Gehirne, ihre Größenzunahme innerhalb der Menschheitsentwicklung und der Tatsache, dass zwei Zentren im Gehirn für die Sprachfähigkeit von entscheidender Bedeutung sind, das Wernicke- und das Broca-Zentrum, wurden anhand von Schädelausgüssen die Gehirnoberflächen von Neandertalern und anderen Hominiden untersucht. Bei einer Untersuchung durch Ralph L. Holloway von der Columbia Universität in New York stellte sich heraus, dass alle Asymmetrien, die für das Gehirn des modernen Menschen typisch sind, auch beim Neandertaler vorhanden sind. Es ist daher nicht möglich, einen Unterschied zwischen beiden Gehirnen festzumachen. Dies trifft nicht nur auf Regionen zu, die für Sprache zuständig sind. Allerdings bestreiten Kritiker die generelle Möglichkeit, anhand von Gehirnausgüssen Rückschlüsse auf die Leistungsfähigkeit von Gehirnen zu ziehen. Ihrer Meinung nach enthält die äußere Form der Gehirnoberfläche nicht genügend Informationen, um daraus weitreichende Rückschlüsse ziehen zu können.

Bei dem Versuch, den Vokaltrakt von Neandertalern zu rekonstruieren, muss berücksichtigt werden, dass beinahe der gesamte Bereich aus Weichteilen besteht und sich folglich im Fossilmaterial nicht erhält. Somit mussten Rekonstruktionen angefertigt werden, die auf den vorhandenen und angrenzenden Skelettregionen basierten. Frühere Rekonstruktionen des Vokaltraktes gingen zunächst von der Vorstellung aus, dass die Ontogenie die Phylogenie wiederholt. Daraus ergab sich, dass der Stimmapparat des Neandertalers dem eines Kindes des rezenten Menschen ähneln musste und somit nicht über einen entsprechenden Lautumfang verfügte, sondern dass es sich um eine leicht eingeschränkte und nasale Sprechweise gehandelt haben muss.

Diese Rekonstruktionen erwiesen sich alle als fehlerhaft. So wurde z. B. bei einer Nachbildung nachgewiesen, dass, falls diese zutreffen sollte, die Neandertaler weder sprechen noch schlucken konnten.

Untersuchungen der Schädelbasis wurden vor allem an dem gut erhaltenen Exemplar von La Chapelle-aux-Saints durchgeführt. Die Schädelbasis galt lange Zeit als wesentlich bei der Frage der Sprachfähigkeit. Dies wurde durch die anatomische Nähe zum Vokaltrakt begründet. Als Ergebnis wurde festgehalten, dass bei den Neandertalern das Repertoire an Vokalen wahrscheinlich begrenzt war und damit ein schnelles Sprechen wie beim modernen Menschen nicht möglich sei. Dies sollte

Das Zungenbein des Neandertalers von Kebara. Es entspricht anatomisch exakt dem des heutigen Menschen. Mit diesem Fund war die Frage, ob die Neandertaler eine Sprachfähigkeit besaßen, eindeutig beantwortet.

aber keinesfalls die generelle Sprachfähigkeit betreffen, sondern nur bedeuten, dass die Sprache der Neandertaler sich anders als die des modernen Menschen anhört.

Als wesentlicher Kritikpunkt an diesen Untersuchungen ist anzuführen, dass sich auch hier die Wahl des Neandertalers von La Chapelle-aux-Saints als Basis für die Untersuchung fatal auswirkte. Die gut erhaltene Schädelbasis des Fundes, die den Ausgangspunkt für Rekonstruktionen bot und die als besonders flach galt, war, wie sich nach einer neuen Zusammensetzung herausstellte, falsch zusammengesetzt. Die neue Zusammensetzung lässt nun keine Ähnlichkeit mit Neugeborenen oder Primaten, sondern mit erwachsenen modernen Menschen erkennen. Dies trifft auch für die erhaltenen Schädelbasen der übrigen Neandertaler zu. Im Übrigen ist ein Zusammenhang zwischen der Form der Schädelbasis und der Sprachfähigkeit keineswegs gesichert. Dagegen ist z. B. bei Primaten (Menschenaffen) eine Abhängigkeit der Abknickung der Schädelbasis mit der Größe des Gehirns nachgewiesen.

Durch eine Studie von D. Frayer und C. Nicolay konnte belegt werden, dass sich Schimpansen und moderne Menschen in der Abknickung der Schädelbasis deutlich unterscheiden. Dagegen lassen sich Neandertaler von modernen Menschen in diesem Punkt nicht trennen.

Als ein wesentlicher Durchbruch in der Frage nach der Sprachfähigkeit der Neandertaler ist der Fund des Skelettes von Kebara in Israel im Jahre 1983 anzusehen. Das dort vollständig erhaltene und bislang einzige Zungenbein eines Neandertalers unterscheidet sich anatomisch nicht von dem des modernen Menschen. Damit liegt zum ersten Mal ein für die Sprachfähigkeit wesentliches anatomisches Element vor. Da am Zungenbein Muskulatur und Bänder ansetzen, die für die Bewegungsfähigkeit der Zunge von entscheidender Bedeutung sind, kann daraus geschlossen werden, dass die Zungenmotorik und Artikulationsfähigkeit der Neandertaler sich nicht vom heutigen Menschen unterscheiden lässt.

Zum gegenwärtigen Zeitpunkt lassen sich daher keine Argumente anführen, dass Neandertaler nicht über Sprache verfügt hätten, oder dass sich ihre Sprechweise deutlich von der des modernen Menschen unterschieden hat.

Wie lebten die Neandertaler?

Lebensraum

Die Neandertaler werden häufig als erste Europäer bezeichnet. Damit wird auf die Tatsache hingewiesen, dass es sich bei den Neandertalern um die einzige Menschenform handelt, die sich unabhängig in Europa entwickelt hat. Die Neandertaler verbreiteten sich jedoch nicht nur in Europa, sondern drangen bis in den Nahen Osten, in den Nordirak und nach Westasien bis ins heutige Usbekistan vor. Den östlichsten Fundpunkt stellt das Grab von Teshik-Tash dar.

Die stammesgeschichtliche Entwicklung zum Neandertaler nahm ihren Anfang in Europa während der vorletzten Eiszeit, vor etwa 250 000–200 000 Jahren. Ihre letzten Vertreter sind vor etwa 30 000 Jahren nachgewiesen. Während dieser langen Zeit mussten sie sich immer wieder auf wechselnde Klimabedingungen einstellen. Eiszeiten sind keine Perioden konstant kalten Klimas, sondern gekennzeichnet durch einen Wechsel von Warm- und Kaltzeiten. Wir wissen heute anhand der Daten, die aus dem tiefgekühlten Klima-Archiv der grönländischen Eiskerne gewonnen werden, dass sich das Klima mitunter sehr schnell änderte: Die Jahresdurchschnittstemperatur schwankte dann innerhalb von 20 Jahren oder auch nur innerhalb eines Jahrzehnts um 10 °C. Die prähistorischen Menschen konnten sich nicht an ein über Jahrtausende konstantes Klima anpassen, sondern mussten flexibel auf Umweltveränderungen reagieren.

Vor 150 000 Jahren, zur Zeit der frühen Neandertaler, war der gesamte nordeuropäische Bereich vereist. Mitteleuropa war von einer eiszeitlichen Tundra bedeckt. Im Bereich der Alpen und Pyrenäen erstreckten sich ausgedehnte Gletscher.

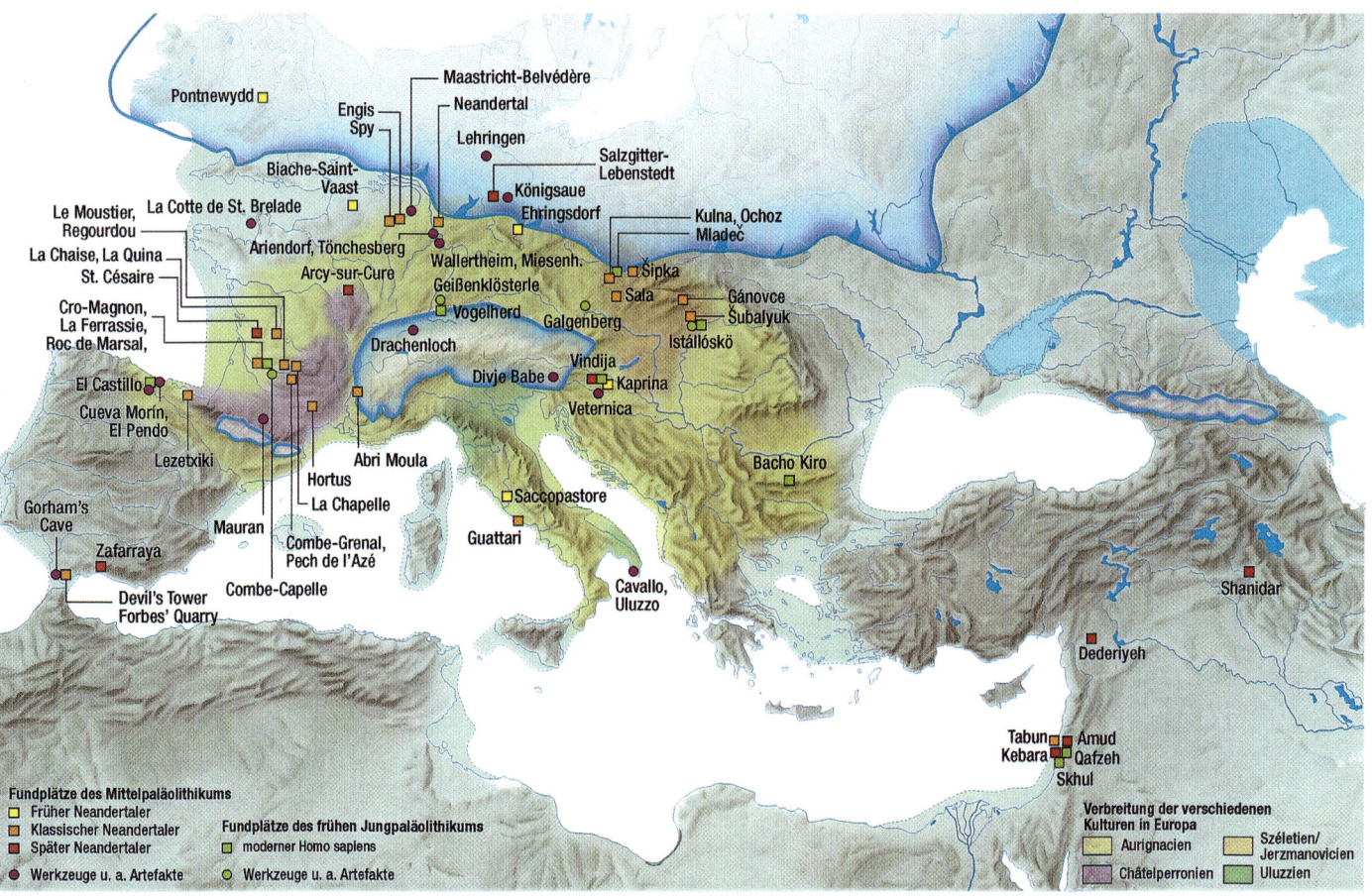

Einige der wichtigsten Fundstellen des Mittelpaläolithikums in Europa mit Funden von frühen, klassischen und späten Neandertalern und Funde des frühen Jungpaläolithikums.

Eiszeiten haben kein konstant kaltes Klima, sondern sind geprägt durch den Wechsel von Warm- und Kaltzeiten.

Lediglich in der Mittelmeerregion erlaubt das günstigere Klima das Wachstum von Laub- und Nadelwäldern.

Die ersten klassischen Neandertaler treten in der letzten Zwischeneiszeit (Eem), vor etwa 130 000 Jahren auf. Während dieser etwa 10 000 Jahre andauernden Warmzeit war das Klima in Deutschland wärmer und feuchter als heute. Große Laubwälder breiteten sich aus. Wärmeliebende Pflanzen wie der Buchsbaum waren bis Norddeutschland verbreitet. In den Flussniederungen mit ihren weidengesäumten Alt- und Totarmen gab es viele Biber; Flusspferde hatten ihren Lebensraum bis in unsere Breiten ausgedehnt. Haselnuss, Holunder und Schlehengebüsche säumten lichte Wälder, in denen Eiben neben Buchen, Linden und Eichen wuchsen. Die Wälder waren der Lebensraum für Waldelefanten, Damhirsche, Auerochsen und Wildschweine. In den Grasfluren weideten Pferde, Wisente und Nashörner. Unter solchen Umweltbedingungen kam der Jagd sicher

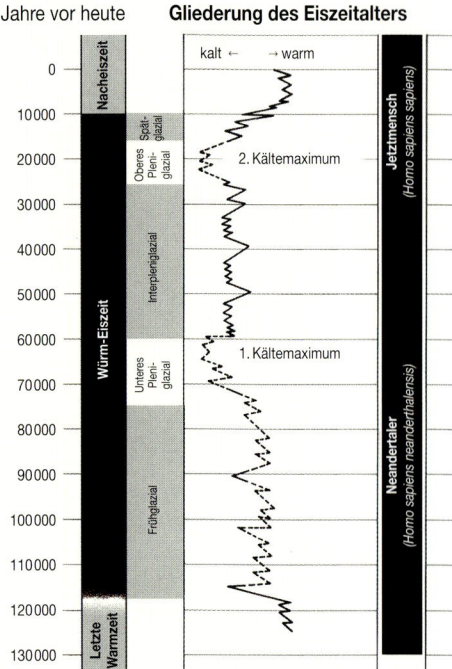

Die Vegetation in Europa während der vorletzten Eiszeit vor 150 000 Jahren.

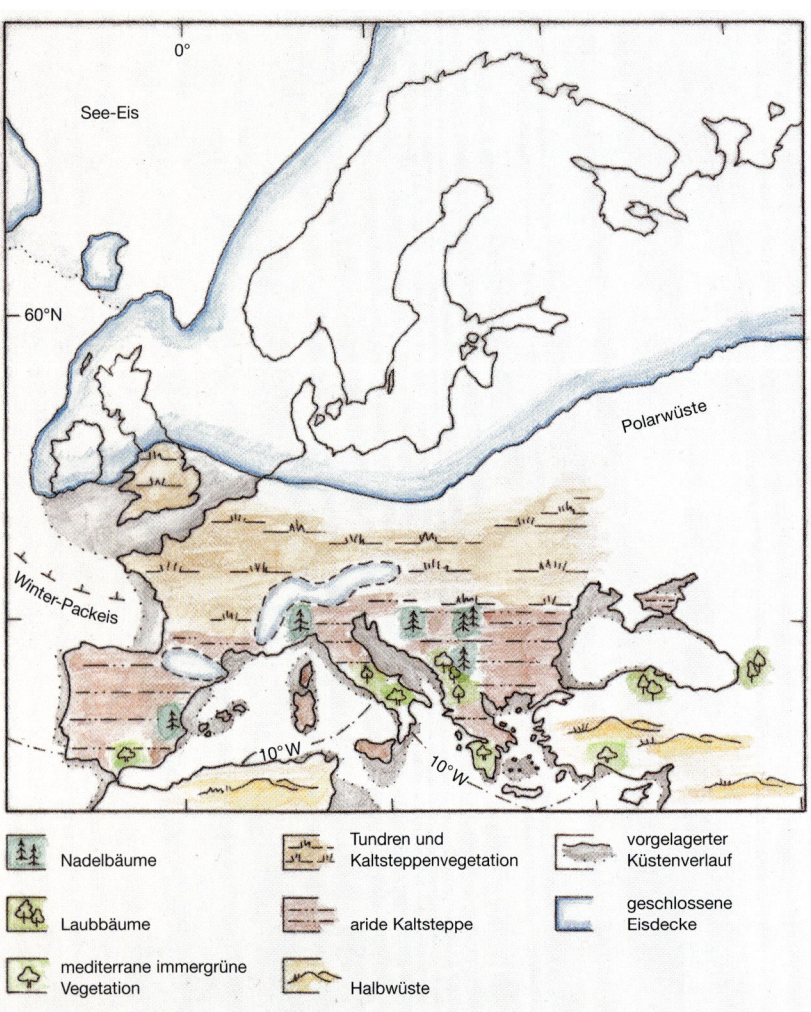

nur eine eingeschränkte Bedeutung zu. Die Fülle an verfügbaren Sammelpflanzen erhöhte den Anteil an pflanzlicher Nahrung. Wildobst, Beeren, Nüsse, Bucheckern, Eicheln, Pilze, Knollen und Grünpflanzen waren eine sichere Lebensgrundlage. Im Gegensatz zum Jagdwild sind Pflanzen ortsgebunden und wachsen an bekannten Standorten, die man zur Erntezeit gezielt aufsuchen kann.

Die Neandertaler waren Meister in der Anpassung an ihre jeweilige Umwelt. Ihre Lagerplätze legten sie so an, dass in einem Umkreis von wenigen Gehstunden ein breites Spektrum an Pflanzen und Tieren anzutreffen war.

Am Ende der Zwischeneiszeit wurde es allmählich kälter. Die nächste Eiszeit begann. Flora und Fauna veränderten sich entsprechend der neuen klimatischen Bedingungen. Die Frühphase dieser Eiszeit ist von einigen wärmeren Perioden unterbrochen. In den ersten Warmphasen (Brörup und Odderade) kehren die Wälder bis ins nördliche Mitteleuropa zurück. Es sind aber nicht mehr die Laubwälder der Zwischeneiszeit, sondern boreale Wälder mit Birken, Kiefern, Fichten, Lärchen und Erlen. Während der folgenden Warmphasen (Oerel und Glinde) sind nur noch Zwergstrauchtundren mit Zwergbirken und Heidekraut, später dann (Moershoofd, Hengelo, Denekamp) eine wesentlich offenere Tundrenvegetation nachzuweisen.

Während der Kaltzeiten bedeckten die von Norden und von den Alpen her vorrückenden

Gletschermassen weite Teile Nord- und Mitteleuropas. In den eisfreien Gebieten herrschten arktische bis subarktische Bedingungen mit einer waldlosen Tundrenlandschaft. Den Nordwesten Mitteleuropas kennzeichnet eine Tundrenvegetation mit Zwergstrauchgesellschaften und offenen Schutt- und Geröllfluren. Aufgrund des höheren sommerlichen Sonnenstandes im Vergleich zur heutigen Arktis, durch den auch Wasser- und Feuchtflächen stärker erwärmt wurden, kamen Pflanzen vor, die heute in Unkraut-, Ruderal-, Hochstauden-, Feucht- und Wasservegetation zu finden sind. Der periglaziale Raum Mitteleuropas, zwischen dem Inlandeis im Norden und den Alpengletschern im Süden, zeichnete sich durch ein reiches Vegetationsmosaik aus Tundren- und Steppenpflanzen aus. Die an ein Leben in der Kälte angepassten Großsäuger (Mammut, Wollnashorn, Rentier, Moschusochse, Pferd, Bison, mussten weite Wanderungen unternehmen, um ihren Nahrungsbedarf zu stillen.

Die Neandertaler passten sich an diese veränderte Umwelt an und lernten wahrscheinlich als erste Menschenform, auch während der Kaltzeiten dauerhaft in Europa zu überleben. Anders als in den Warmzeiten waren sie nun in stärkerem Maße von der Jagd abhängig. Im Sommer bot das Sammeln von Beeren und Grünpflanzen eine willkommene Ergänzung des Speiseplans.

Mobilität und Flexibilität

Die Neandertaler lebten als Jäger und Sammler. Sie verstanden es, sich auf die unterschiedlichsten Umweltbedingungen einzustellen: auf die kalten, offenen Tundrenlandschaften des eiszeitlichen Europas ebenso wie auf die wärmere Sonne des Vorderen Orients oder die Wälder Europas während der Zwischeneiszeiten. In ihren Lebensräumen waren sie sehr mobil. Sie nutzten lokale Ressourcen, bewegten sich aber längerfristig in einem Radius von bis zu 100 km. Dies kann aus der Herkunft der für Steinwerkzeuge verwendeten Rohmaterialien geschlossen werden. Die Werkzeuginventare neandertalerzeitlicher Fundstellen zeigen, dass überwiegend Gesteine aus Aufschlüssen, die in Tagesentfernung von den Lagerplätzen zu holen waren, verarbeitet wurden. Das Streifgebiet um die Lagerplätze lag in der späten Riss- (Saale-) Eiszeit in einem 10 km-Radius, während der frühen Würm- (Weichsel-) Eiszeit in einem Radius von 15 bis 20 km. Durchschnittlich ein Drittel der Rohmaterialien stammt aus 20 bis 80 km Entfernung. Entfernungen von über 80 km sind selten, kommen aber vor. Sie machen in mitteleuropäischen Inventaren im Durchschnitt

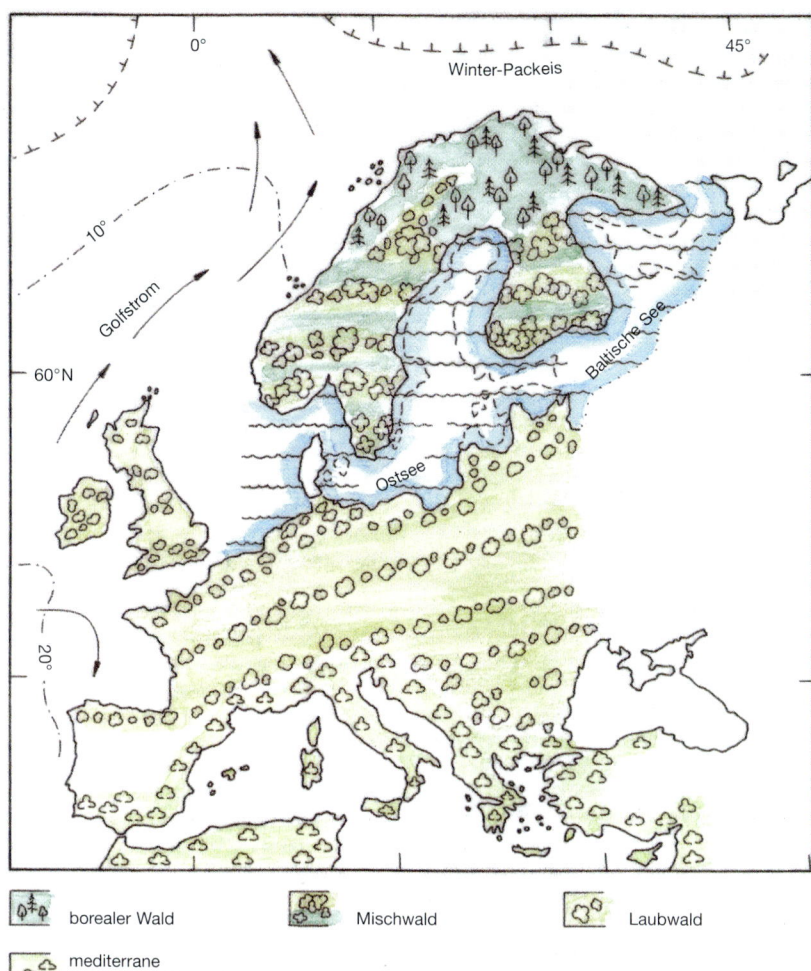

sogar ein Fünftel der Gesteinsmaterialien aus. In der Kulna-Höhle in Mähren wurde sogar Jurahornstein aus 230 km entfernten südpolnischen Aufschlüssen verwendet. Diese Kilometer-Angaben bezeichnen Luftlinien, tatsächlich hatten die Neandertaler in ihrem straßenlosen Lebensraum noch größere Entfernungen zurückzulegen. Einige geologische Rohmaterialvorkommen wurden immer wieder aufgesucht. Hier liegen Schlagplätze, an denen große Mengen Abschläge hergestellt wurden, die anderswo weitere Verwendung fanden. Diese Orte waren den Neandertalern über Generationen als Teil ihres Territoriums bekannt.

Von Zeit zu Zeit verlagerte die gesamte Gruppe ihren Lagerplatz, es kam aber auch zu kleinräumigen Ausflügen Einzelner oder kleinerer Gruppen, um die alltäglichen Bedürfnisse nach Nahrung und Rohmaterialien zu befriedigen. Aufgrund dieser Lebensweise sind verschiedene Kategorien von Fundstellen erhalten: Lagerplätze, Schlachtplätze an Jagdstationen, Schlagplätze an Rohmaterialvorkommen usw. Die Jagdbeute

Die Vegetation in Europa während der letzten Warmzeit vor 120 000 Jahren.

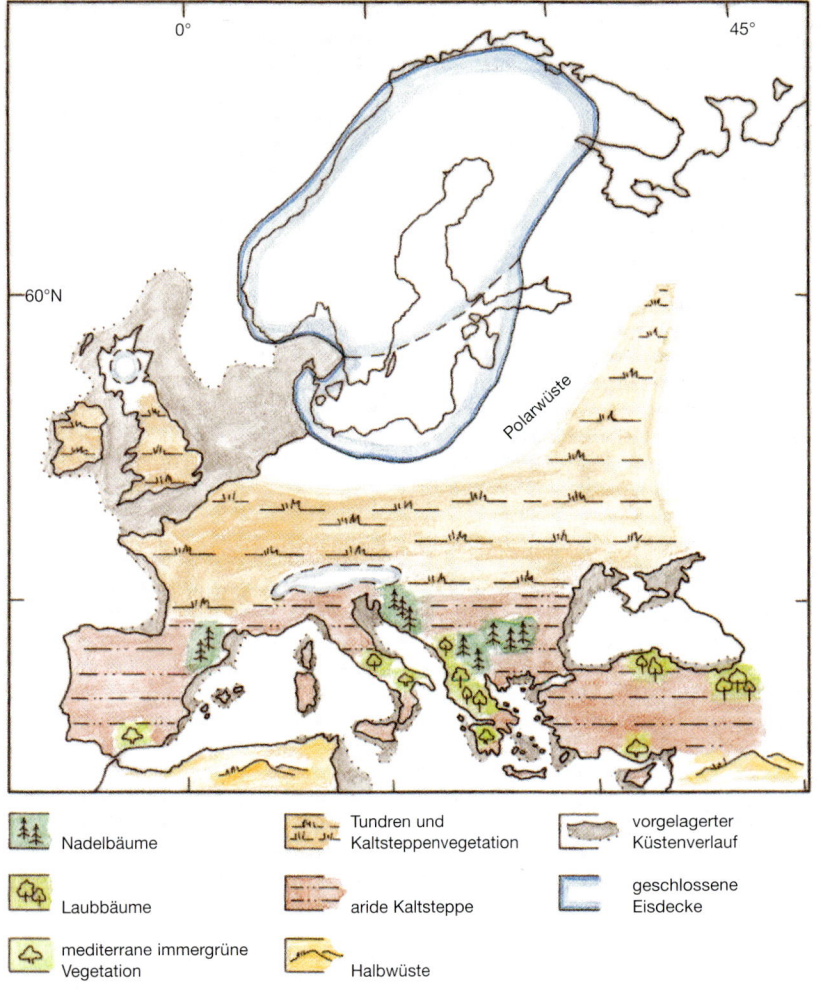

Die Vegetation in Europa während der letzten Eiszeit vor 65 000 Jahren.

wurde an den Schlachtplätzen verarbeitet und nur ein Teil der zerlegten Tiere, v. a. die Markknochen, zu den Lagerplätzen mitgenommen. Die Lagerplätze befanden sich unter freiem Himmel, in Höhlen (hier vor allem im Eingangsbereich) oder unter Felsschutzdächern. Die Art der Unterkunft war damals wie heute abhängig von den klimatischen Bedingungen, dem zur Verfügung stehenden Baumaterial und den topografischen Gegebenheiten. Höhlen repräsentieren nur einen kleinen Teil der tatsächlich genutzten Orte. Ihre Bedeutung für die steinzeitlichen Menschen wird oftmals überschätzt. In vielen populären Publikationen gelten Neandertaler als »Höhlenmenschen«. Dies spiegelt lediglich ein forschungsgeschichtliches Konstrukt wider: Zum einen erhalten sich in Höhlen, die oftmals Sedimentfallen sind, die archäologischen Fundschichten besser als unter freiem Himmel. In dem meist kalkhaltigen Milieu sind zudem bessere Bedingungen für die Erhaltung organischer Materialien gege-

ben. Darüber hinaus sind Höhlen als Fundstellen von Archäologen heute einfacher zu entdecken als Freilandfundstellen.

Die Neandertaler haben ihre Lagerplätze sicher hauptsächlich unter freiem Himmel angelegt. Wir wissen nicht, wie kälteempfindlich sie waren und inwieweit sie ihre Lagerplätze durch den Aufbau von Windschutz oder festen Konstruktionen hergerichtet haben. Einige Strukturen wie Lagen von Steinplatten oder ringförmige Anordnungen von Knochen und/oder Steinen mit Feuerstellen im inneren Bereich werden zwar von einigen Forschern als Hütten interpretiert, von anderen aber immer wieder in Zweifel gezogen. Aufgehende Konstruktionen aus Pfosten, Stangen und Abdeckungen z. B. aus Häuten sind im archäologischen Befund nicht erhalten und bleiben Spekulation. Die ringförmigen Strukturen interpretieren einige Urgeschichtler nicht als intentionelle Anlagen, sondern als eher zufällig während der Raumnutzung entstandene Formen. Während die Neandertaler eine Oberfläche (Höhle oder Freiland) bewohnten, hätten sie die Abfälle immer weiter nach außen geschoben, wodurch es zu diesen Strukturen kam. Müssen wir uns also vorstellen, dass die Neandertaler mitten in ihrem Abfall lebten?

Dies ist nur schwer nachzuvollziehen, wenn wir uns vor Augen halten, dass unter diesem Abfall zahlreiche Knochen mit faulenden Fleischresten lagen. Kein Tier würde sich so verhalten. Vielleicht ist eher davon auszugehen, dass die Neandertaler diese Plätze »aufräumten«, als sie nach einer gewissen Zeit – einem oder mehreren Jahren – an sie zurückkehrten. Dann würde es sich bei diesen Strukturen doch um intentionelle Anlagen handeln.

Die prominentesten Beispiele für neandertalerzeitliche Behausungen stammen aus Frankreich und der Ukraine. Auch ihre Interpretation ist im Lauf der Zeit nicht unumstritten geblieben.

Im Eingangsbereich der Grotte du Renne in Arcy-sur-Cure im Burgund errichteten Neandertaler vor etwa 34 000 Jahren zwei kleine, halbkreisförmige Konstruktionen nahe der Felswand. Auf dem teilweise eingeebneten und mit einer Plattenlage versehenen Höhlenboden bildeten Mammutstoßzähne und Holzpfosten das Gerüst einer Behausung. Im Inneren dieser Einbauten lagen mehrere Feuerstellen. Aufgrund der geringen Größe (5 bis 6 m²) können diese Schutzbauten nur wenigen Personen Schutz geboten haben.

Vor etwa 40 000 Jahren bauten Neandertaler bei Molodova in der Ukraine zwei Behausungen aus Mammutknochen und -stoßzähnen. Die eine ist kreisrund und etwa 75 m² groß, wobei der innere, begehbare Bereich 35 m² umfasst. Im Inneren finden sich nicht nur Feuerstellen, sondern auch tausende von Steinwerkzeugen und ein Fleck aus rotem Farbstoff. Die andere Struktur ist doppelt so groß (etwa 155 m²) und von unregelmäßigem ovalen Umriss. Dabei ist aber der innere Bereich, in dem zwei Feuerstellen angelegt wurden, lediglich 35 m² groß. Ob sämtliche Knochen dieser Konstruktionen Reste von Jagdbeute sind oder ob auch Knochen natürlich verendeter Tiere zusammen getragen wurden, kann nicht entschieden werden. Nur an einigen der verbauten Knochen finden sich Schnittspuren. Vergleichbar den heutigen Elefantenfriedhöfen, lagen während der letzten Eiszeit Massen von Mammutknochen auf den osteuropäischen Kältesteppen verstreut. In Ermangelung von anderem Baumaterial verwendeten mit Sicherheit zumindest die Menschen in späteren Phasen der Eiszeit diese Knochen für ihre Unterkünfte. Bekannte Beispiele sind die Hütten aus Mammutknochen z. B. von Mezin und Mezirich. Ob die Konstruktionen von Molodova über eine Dachkonstruktion verfügten oder ob es sich nur um einfache Windschutze handelte, können wir aufgrund des archäologischen Befundes nicht mehr entscheiden. Nach den Abmessungen der Innenbereiche hatte eine größere Gruppe im Inneren der Anlagen Platz. Im Zusammenspiel mit den Feuerstellen boten sie ausreichenden Schutz gegen das strenge Klima in der eiszeitlichen Kältesteppe. Aus den zahlreichen Hinterlassenschaften kann geschlossen werden, dass sich in diesen Konstruktionen ein vielfältiges Alltagsleben abspielte. Ob stabile »Behausung« in unserem heutigen Sinne oder nicht, es waren intensiv genutzte »Lebensräume« der Neandertaler.

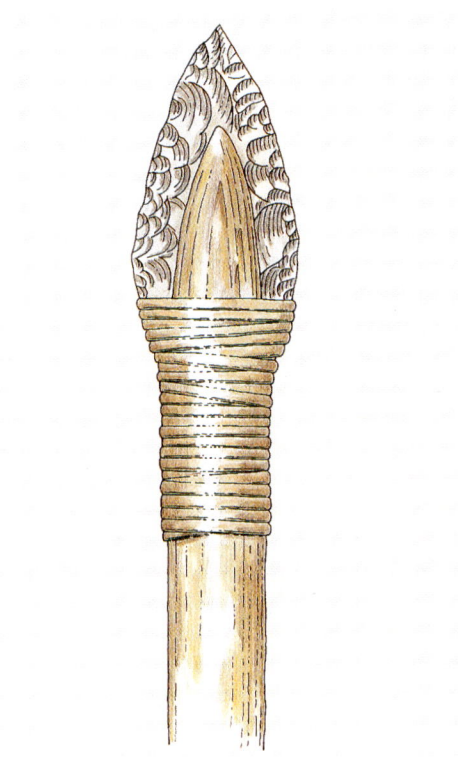

a

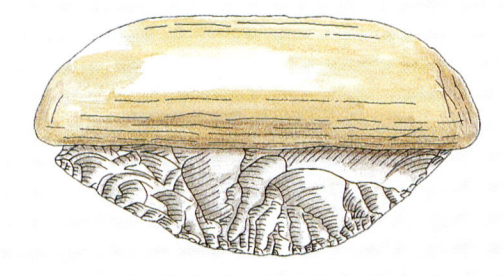

b

Für die Blattspitzen ist eine Schäftung als Speerspitze (a) oder als Messer (b) denkbar. In beiden Fällen dürfte Birkenpech als Klebstoff gedient haben. Bei der Verwendung als Speerspitze wurden zusätzlich Tiersehnen zur Fixierung genutzt.

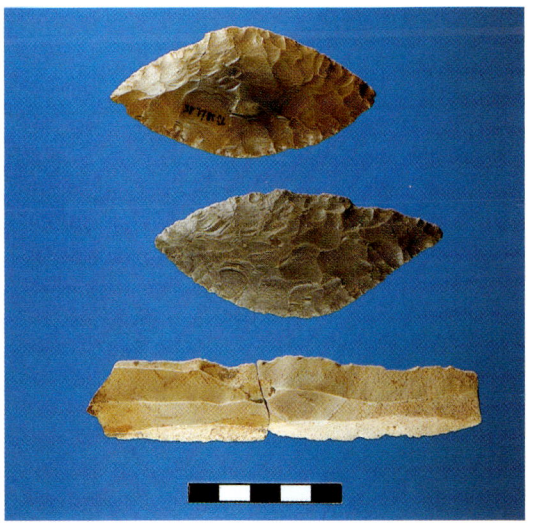

Knochenahlen aus den Chatelperronien-Schichten der Fundstelle Arcy-sur-Cure.
Mit diesen immer wieder nachgeschärften Werkzeugen bohrten die Neandertaler Löcher in Leder, um Kleidung herzustellen.

Zwei Blattspitzen und eine Klinge aus dem späten Mittelpaläolithikum der Haldensteinhöhle in Baden-Württemberg.

Die Levalloistechnik als wichtigste Steinbearbeitungstechnologie der Neandertaler setzt ein komplexes Verständnis des Werkstoffes Stein voraus. Die schematisierte Darstellung dieser Technik zeigt die folgenden Arbeitsschritte von oben nach unten: Präparation der Kernkante durch umlaufende Abschläge, Herstellung einer konvex gewölbten Abbaufläche, Präparation der Schlagfläche und Abbau des Zielabschlages.

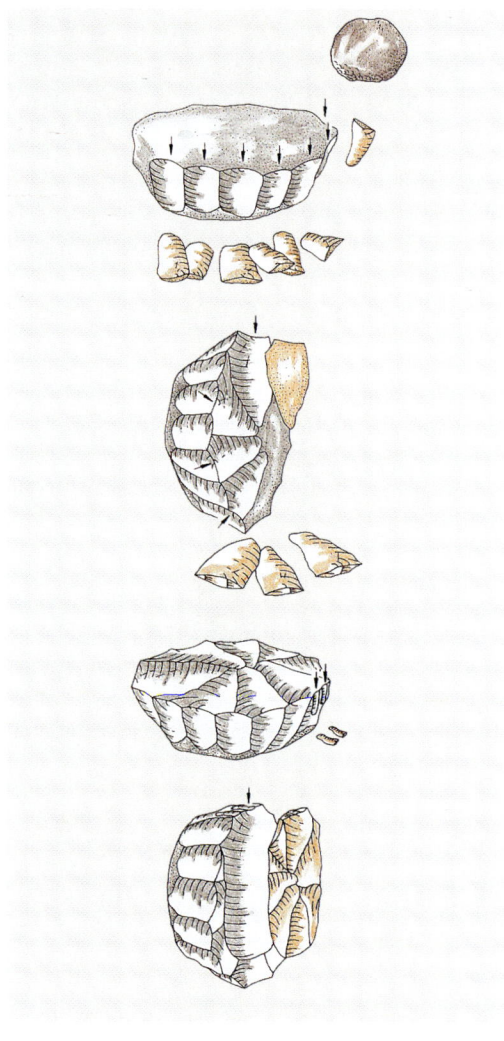

Faustkeile stehen mit ihrer symmetrischen Form, die über ihre Funktion als Mehrzweckwerkzeug hinausgeht, für das ästhetische Empfinden unserer Vorfahren.

Nicht nur mit Feuer und Behausungen, sondern auch mit Kleidung konnten sich die Neandertaler gegen die Kälte des eiszeitlichen Europas schützen. An einigen Fundstellen, z.B. Biache-Saint-Vaast in Frankreich und Taubach in Deutschland, zeigen die Schnittspuren an Bärenknochen, dass diese gehäutet wurden. Es ist davon auszugehen, dass die Pelze als Kleidung weiter verarbeitet wurden. Gebrauchsspuren an einigen Steinwerkzeugen belegen, dass die Neandertaler mit ihnen Tierhäute verarbeitet haben.

In den Chatelperronien-Schichten der Fundstelle Arcy-sur-Cure wurden Werkzeuge gefunden, die mit Sicherheit zur Kleidungsherstellung dienten. Es handelt sich um mindestens 50 aus Knochen und Elfenbein hergestellte Ahlen. Die Neandertaler hatten sie nach verschiedenen Methoden hergestellt. Zum einen wurden natürlich spitz geformte Knochen, wie Metapodien und Speichen kleiner Karnivoren durch Schaben modifiziert. Zum anderen wurden intentionell spitz gebrochene Langknochenfragmente durch Schaben geschärft. Viele dieser Ahlen sind mit feinen Einschnitten verziert. Die Spitzen dieser Werkzeuge wurden rasterelektronenmikroskopisch nach Gebrauchsspuren untersucht. Dabei stellten die Bearbeiter fest, dass sie vor allem zum Durchbohren von Leder verwendet wurden. Dieses Ergebnis konnte auch durch Experimente bestätigt werden. Spuren von Nachschärfungen und die starke Abnutzung der Geräte zeigen außerdem, dass sie über einen sehr langen Zeitraum in Gebrauch waren und zum Bohren von zehntausenden von Löchern gedient haben müssen.

Werkzeuge

Aufgrund der Erhaltungsbedingungen haben wir ein verzerrtes Bild der technischen Ausrüstung der Neandertaler. Es sind fast ausschließlich Steinwerkzeuge, die sich über die Jahrzehntausende erhalten haben. Die organischen Materialien sind meist längst vergangen, so dass wir wenig über Schäftungen, Griffe, Behälter u.v.a.m. sagen können. Gebrauchsspuren an den Steinwerkzeugen belegen, dass die Neandertaler intensive Holzbearbeitung betrieben haben.

In der Herstellung der Steinwerkzeuge bauten die Neandertaler die Fähigkeiten ihrer Vorfahren weiter aus. Insgesamt stehen die neandertalerzeitlichen Steinwerkzeuginventare für eine profunde Kenntnis des Werkstoffes Stein sowie für ein ästhetisches Empfinden bezüglich Form und Symmetrie. Die Rohmaterialien brachten sie als Rohknollen oder als präparierte Kerne zu ihren Lagerplätzen mit. Dort wurden sie für den unmittelbaren Gebrauch weiter verarbeitet. Beim Lagerplatzwechsel nahmen sie manchmal Abschläge und fertige Werkzeuge mit.

Sie stellten ein breites Spektrum an zweiseitig flächig bearbeiteten Geräten her: Faustkeile, Fäustel und Keilmesser. Am Ende dieser Entwicklung stehen dünne Werkzeuge mit blattförmigem Umriss, so genannte Blattspitzen, die wahrscheinlich als Speerspitzen oder multifunktionale Messer verwendet wurden. Faustkeile hatten eine lange Tradition. Schon *Homo erectus* stellte sie her. Die Faustkeile der Neandertaler variieren in ihrer Form und Größe. Gebrauchspuren an Faustkeilen belegen eine Verwendung zur Zerlegung der Jagdbeute, dabei auch zum Durchtrennen von Gelenken und zum Zerspalten von Knochen, sowie um Fleisch zu schneiden.

Mittels der so genannten Levalloistechnik konnten die Neandertaler die Form der Abschläge, die von einem Kern abgetrennt wurden, vorherbestimmen. Die Zerlegung der sorgfältig nach Form und Qualität ausgesuchten Rohknollen war effektiver; mit ihrer Abschlagtechnik stellten sie eine höhere Anzahl an scharfen Kanten her als *Homo erectus*. Die standardisierten Abschlagformen wurden zu einem Sortiment an Werkzeugen weiterverarbeitet, wie Schabern, Spitzen und Messern.

In vielen populären Werken stößt man auf die Gleichsetzung Abschlagindustrien = Neandertaler, Klingengeräte = moderner Mensch. Das ist falsch. Wir wissen heute, dass bereits Neandertaler auch Klingen herstellten. Und die früheste jungpaläolithische Klingenindustrie Europas, das Chatelperronien, wurde von Neandertalern entwickelt (s. u.).

Steinwerkzeuge wurden, wie ein Fund von Königsaue in Sachsen-Anhalt belegt, z. T. in hölzerne Messergriffe eingesetzt. In Königsaue wurden mehrere Lagerplätze entdeckt, an denen Neandertaler gesiedelt und Rentiere, Wildpferde, Auerochse und Nashörner gejagt hatten. Neben Tierknochen und Steinwerkzeugen fanden die Archäologen hier auch zwei schwarzbraune Harzklumpen, die als Kittreste gedeutet wurden. Neuere chemische Untersuchungen haben sogar ergeben, dass es sich bei diesen Klumpen nicht um relativ leicht zu gewinnendes und zu verarbeitendes Kiefernharz handelt, sondern um Pech aus Birkenrinde. Dieses Forschungsergebnis ist eine Sensation. Birkenpech ist zwar schon lange als steinzeitlicher Klebstoff, vor allem für Schäftungseinsätze bekannt, aber nur für jüngere Zeiten, für das Neolithikum und Mesolithikum, eindeutig nachgewiesen. Die Herstellung von Birkenpech

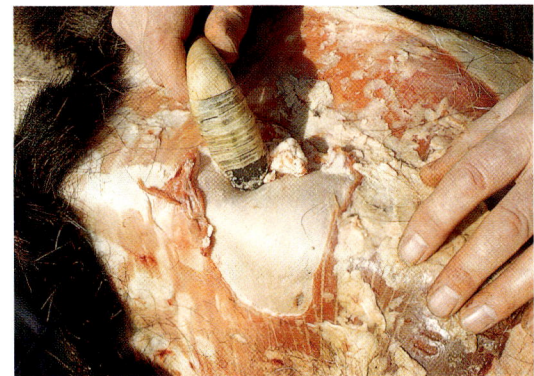

Ein Beispiel für die Schäftung von Steinwerkzeugen, wie sie z. B. für die Bearbeitung von Tierhäuten eingesetzt wurden.

Zwei Birkenpechreste aus der Neandertaler-Fundstelle von Königsaue, die als Klebstoff zur Schäftung von Steinwerkzeugen dienten.

Schaber, Spitzen und Messer sind die gebräuchlichsten Werkzeugformen der Neandertaler. Mit ihnen wurde die Jagdbeute zerteilt, Nahrung zubereitet, sowie Holz und Tierhäute bearbeitet.

Eine vom Menschen angespitzte Mammutrippe aus der Fundstelle Salzgitter-Lebenstedt.

Die geflügelte Knochenspitze aus der Neandertalerfundstelle Salzgitter-Lebenstedt.

Eine Knochenspitze aus dem Mittelpaläolithikum der Fundstelle Vogelherd im Lonetal.

erfolgt in einem kontrolliertem Verschwelungsprozess (»Trockendestillation«). Der Rohstoff Birkenrinde muss luftdicht abgeschlossen bei einer relativ konstanten Temperatur unter 350 Grad erhitzt werden. Dabei wird ein teerartiges Produkt gewonnen, aus dem beim Erkalten das Birkenrindenpech entsteht. Wie diese Voraussetzungen unter steinzeitlichen Bedingungen erfüllt wurden, konnten Archäologen bis heute experimentell nicht nachweisen. Die Neandertaler jedenfalls wussten bereits um eine entsprechende Technik. Direkte C14-Datierungen der Harzklumpen ergaben Alter von mindestens 45 000 Jahren. Damit ist ein Zeitraum an der Grenze des mittels C14-Methode datierbaren erreicht. Nach Molluskenuntersuchungen soll die Fundschicht etwa 80 000 Jahre alt sein.

Nicht nur dieser Nachweis von Klebstoff, sondern auch Gebrauchsspurenuntersuchungen belegen, dass einige Steinwerkzeuge, v.a. Schaber, geschäftet verwendet wurden. Durch das Reiben der Schäftung an den Werkzeugen bilden sich Polituren und Ausspleißerungen. Vergleichbare Spuren konnten in Experimenten nachgewiesen werden, wenn die Werkzeuge in einer Spaltschäftung festgebunden wurden und mit ihnen Holz geschabt, gehobelt und gedrechselt wurde.

Darüber hinaus werden die Neandertaler auch ein breites Spektrum an Pflanzen als Rohstoffe verwendet haben. Hölzer, Rinde, Bast, Gräser und Rohrkolben standen ihnen zur Verarbeitung als Behälter, Körbe, Netze, Schnüre u.v.a.m. zur Verfügung. Aufgrund der schlechten Erhaltungsbedingungen für organische Materialien lässt sich diese Nutzung archäologisch kaum belegen. Eine seltene Ausnahme stellt der Befund von Lehringen dar. Hier wurde unter dem Skelett eines Waldelefanten eine aus einem Eibenstämmchen gefertigte Stoßlanze gefunden (siehe S. 58). Gebrauchsspurenuntersuchungen an Steinwerkzeugen der Neandertaler belegen, dass sie eine intensive Holzbearbeitung betrieben haben. An fast allen Schabern und allen gezähnten Stücken von französischen Fundstellen, die auf Gebrauchsspuren untersucht wurden, ließen sich Spuren intensiver Holzbearbeitung nachweisen. Die gezähnten Artefakte wurden als Schnitzwerkzeuge, zum Schaben oder Hobeln, verwendet. Hinter diesem hohen Anteil entsprechender Gebrauchsspuren verbirgt sich eine im Fundmaterial ansonsten »unsichtbare« spezialisierte Holztechnologie. Einige Werkzeuge tragen Spuren, wie sie beim Ablösen der Rinde vom Baumstamm entstehen.

An einigen neandertalerzeitlichen Werkzeugen wurden auch Spuren der Verarbeitung von Pflanzen, genauer des Zerkleinerns von Stängeln und Blättern identifiziert. Ob dieses Zerkleinern handwerklichen, kulinarischen oder medizinischen Zwecken diente, kann nicht entschieden werden.

Von der Fundstelle Salzgitter-Lebenstedt ist ein Inventar aus Knochenwerkzeugen bekannt. Rippen und Wadenbeine vom Mammut, also schmale, lange und kompakte Knochen dienten hier als Rohmaterial. Sie wurden durch Zurichtung, Schliff, Politur und Spaltung zu unterschiedlichen Arbeitsenden modifiziert, zumeist angespitzt. Die Funktion dieser Knochenwerkzeuge ist unklar. Aus einem Langknochen vom Mammut oder Nashorn haben die Neandertaler von Salzgitter-Lebenstedt eine Knochenspitze mit geflügelter Basis hergestellt. Knochenspitzen, die wahrscheinlich als Speerbewehrungen gedient haben, wurden auch an anderen Fundstellen gefunden, so in mittelpaläolithischen Schichten der Großen Grotte und des Vogelherd, beides Höhlen auf der Schwäbischen Alb.

Großwildjäger

Noch bis in die 80er- und 90er-Jahre des 20. Jahrhunderts war es umstritten, ob Neandertaler aktive Jäger gewesen seien. Erst im Jungpaläolithikum hätten moderne Menschen eine Lebensweise angenommen, die mit der rezenter Jäger-/Sammlervölker vergleichbar sei. Von derartigen Verallgemeinerungen ist das aktuelle Forschungsbild weit entfernt. Es ist offensichtlich, dass bereits die Neandertaler weitaus entwickeltere Subsistenz- und Landnutzungsstrategien verfolgten, als bisher angenommen wurde. Archäozoologische Analysen belegen für mehrere Fundstellen inzwischen gezielte Jagdstrategien.

Mit welchen Waffen haben Neandertaler gejagt? Verfügten sie nur über Stoßlanzen oder auch über Wurfspeere? Die Fundstelle Schöningen in Niedersachsen liefert durch außergewöhnlich gute Erhaltungsbedingungen wesentliche Informationen über die Menschen aus der Zeit um 400 000 Jahre vor heute. Die einmalig erhaltenen, bis zu 2,5 m langen, hölzernen Wurfspeere belegen eindeutig Jagdaktivitäten des frühen Menschen in Europa. Seit 1994 wurden neun Speere entdeckt. Die Menschen haben hier, am Seeufer, gezielt Wildpferde gejagt und die Jagdbeute anschließend verwertet. Zur Herstellung der Speere wurden Fichtenstämmchen ausgewählt, gefällt, entrindet und alle Astansätze sorgfältig abgearbeitet. Die Spitzen sind symmetrisch aus der Basis der Stämmchen, also dort, wo das Holz am härtesten ist, herausgearbeitet worden. Dabei achteten die Jäger darauf, dass das Spitzenende neben der Schwächezone des Markstrahls verlief. Die Oberflächen der Speere sind sorgfältig zugerichtet und geglättet. Interessanterweise liegt der größte Durchmesser und Schwerpunkt der Speere wie bei heutigen Wettkampfspeeren im vorderen Drittel des Schaftes. Es handelt sich also zweifelsfrei um Wurfspeere und nicht um Stoßlanzen. Damit sind die Schöninger Speere nicht nur die ältesten vollständig erhaltenen Jagdwaffen der Welt, sondern auch die ältesten Nachweise für Fernwaffen.

Wenn also bereits der späte *Homo erectus* bzw. *Homo heidelbergensis* vor 400 000 Jahren Wurfspeere hergestellt und eingesetzt hat, warum sollte der Neandertaler hunderttausende Jahre später nicht auch über diese Fähigkeit verfügt haben? Wahrscheinlich waren die Speere der Neandertaler mit steinernen oder knöchernen Spitzen bewehrt. Entsprechende Spitzen finden sich in ihrem Werkzeugrepertoire. Eine Untersuchung der Abmessungen und Gebrauchsspuren von Levalloisspitzen aus Moustérieninventaren der Levante ergab, dass diese häufig als Speerspitzen eingesetzt und über kurze Distanzen gestoßen oder geworfen wurden. Leider gibt es noch keine vergleichbare Untersuchung für europäische Levalloisspitzen. Der Nachweis von Birkenpech an der Fundstelle Königsaue belegt darüber hinaus, dass die Neandertaler über die technischen Fähigkeiten verfügten, die Spitzen im hölzernen Schaft zu befestigen. Spitzen aus organischen Materialien

Die Lage der altpaläolithischen Fundstelle von Schöningen in einem Braunkohletagebau.

Der Projekt- und Grabungsleiter Dr. Hartmut Thieme (links) und der Grabungstechniker Peter Pfarr mit dem 1995 entdeckten und weitgehend freigelegte Holzspeer II mit der Spitze im Vordergrund, rechts daneben Skelettreste vom Wildpferd (Wirbel, Rippen, Schädel).

Die Rekonstruktion eines mittelpaläolithischen Speeres. Die Schäftung der Levalloisspitze wurde mit Birkenpech und einer Wicklung aus Tiersehne ausgeführt.

Die Spitze der Lanze von Lehringen. Die in mehrere Teile zerbrochene Holzlanze wurde zusammen mit dem Skelett eines Waldelefanten entdeckt.

wurden eher selten gefunden (s. o.). Dies ist wahrscheinlich auf die Jagdmethoden der Neandertaler zurückzuführen. Wahrscheinlich waren die Neandertaler darauf spezialisiert, große bis mittelgroße Jagdbeute aus geringer Distanz zu erlegen. Dafür sind ihre Steinspitzen mit einer vergleichsweise breiten und dicken Basis besser geeignet. An einem Speer befestigt und mit der Hand geworfen, entwickelt eine derartige Waffe nur geringe Geschwindigkeit, aber tiefes Eindringen, das große, blutende und tödliche Wunden verursacht. Auch in der Völkerkunde ist belegt, dass Speere mit Steinspitzen für große Beutetiere verwendet werden, während Knochenspitzen bei der Jagd auf kleinere Tiere eingesetzt werden. Für kleinere Tiere stehen aber auch andere Methoden, wie z. B. Fallen stellen alternativ zur Verfügung. Für die Jagd auf großes Wild aus geringer Distanz sprechen auch die Verletzungsmuster, die Neandertalerknochen aufweisen (s. u.).

Ein seltener archäologischer Befund liegt aus einem etwa 50 000 Jahre alten Fundhorizont der Freilandfundstelle Umm el Tlel in Syrien vor: Eine in den Halswirbel eines Wildesels eingeschossene Steinspitze. Es handelt sich um das Fragment einer unretuschierten Levalloisspitze. Um in den Knochen einzudringen, muss die Spitze an einem Schaft, wahrscheinlich eines Wurfspeeres, befestigt gewesen und mit großer Wucht geworfen worden sein.

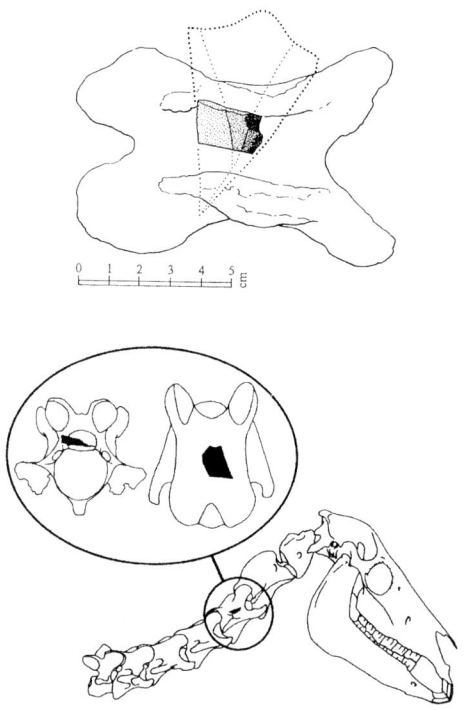

Im dritten Halswirbels eines Wildesels wurde das Fragment einer eingeschossenen Spitze entdeckt. Dieser Fund belegt die aktive Jagd von Neandertalern mit Wurfspeeren, die als Projektile Levalloisspitzen trugen.

Im Jahre 1948 wurde in Lehringen bei Verden an der Aller das Skelett eines Waldelefanten zusammen mit einer Eibenholzlanze und Steinwerkzeugen entdeckt. Der Befund datiert in die letzte Zwischeneiszeit und ist etwa 125 000 Jahre alt. Die Lanze steckte nach Angaben der Entdecker zwischen den Rippen des Elefanten, der im Uferbereich eines kleinen Sees eingesunken war. Die etwa 2,40 m lange Lanze ist heute in 11 Teile zerbrochen und durch den Sedimentdruck verbogen. Sie ist äußerst sorgfältig hergestellt. Die gesamte Oberfläche ist bearbeitet, die Ast- und Zweigansätze sind sorgfältig entfernt worden. Die Spitze liegt neben dem Markstrahl, was ihr eine höhere Stabilität verleiht. An der Basis der Lanze sieht die Holzoberfläche wie poliert aus. Dies könnte durch eine häufige Nutzung als Grabstock entstanden sein. Mit dem Lehringer Befund ist uns ein einzelnes Jagdereignis ausschnittartig überliefert. Die Jäger dürften über genaue Kenntnisse des Verhaltens von Elefanten verfügt haben. Sie hatten sich dem Tier genähert, als es im seichten Uferbereich mit vielleicht schlammigem Untergrund nur schwer flüchten konnte. Vielleicht genügte ein einzelner gezielter Stoß, um das Tier tödlich zu verletzen. Im Anschluss an die Erlegung schnitten die Neandertaler das Fleisch von den zugänglichen Stellen des Elefantenkörpers. Bei dem Elefanten wurden etwa ein Dutzend Abschläge aus Feuerstein gefunden. Nach den Mikrogebrauchsspuren sind drei der Abschläge als Schlachtmesser verwendet worden. Es ist davon auszugehen, dass die Neandertaler noch weitere Schlachtmesser verwendet hatten. Diese hatten entweder die Neandertaler bereits vom Schlachtplatz mitgenommen oder aber sie wurden bei der Bergung 1948 übersehen.

Interessante Einblicke in die Verwertung von Jagdbeute durch die Neandertaler hat eine neue Untersuchung der Faunenreste von Salzgitter-Lebenstedt erbracht.

Die 20 km südwestlich von Braunschweig im Nordwesten von Salzgitter, im Stadtteil Lebenstedt gelegene Fundstelle, wurde 1952 beim Bau einer Kläranlage in 5 m Tiefe entdeckt. Bei den anschließenden archäologischen Ausgrabungen konnten von Februar bis Juni 1952 ca. 150 m² untersucht werden. Im Jahr 1977 wurden weitere Ausgrabungen notwendig. Insgesamt wurde so eine Fläche von 416 m² untersucht.

Die Schichten, in denen eine große Anzahl von Tierknochen und Steinartefakten entdeckt wurden, entstanden durch Flussablagerungen auf einer weichselzeitlichen Terrasse. Dabei wurden neben Verlagerungen auch Störungen durch

Überschwemmungen festgestellt. Die Neandertaler hatten ihren Lagerplatz an dem windgeschützten Hang eines Bachtales, des Krähenriedebaches, nahe seiner Einmündung in das weite und flache Urstromtal der Fuhse, angelegt. Sie stellten Steinwerkzeuge und Knochengeräte her, zerlegten und verwerteten ihre Jagdbeute.

Strukturen wie Feuerstellen konnten nicht belegt werden, da sie durch Überschwemmungen unmittelbar nach Verlassen des Platzes zerstört wurden. Von einer primären Lagerung des Fundmateriales kann daher nicht ausgegangen werden. In großer Zahl wurden gut erhaltene Tierknochen entdeckt. Dabei handelte es sich zumeist um Rentiere sowie Reste vom Mammut, Pferd, Wisent und Wollnashorn. Aufgrund der außergewöhnlich guten Erhaltungsbedingungen in tonig-humosen Schichten wurden zahlreiche Pflanzenreste entdeckt, die neben den Tierknochen gute Rekonstruktionsmöglichkeiten der damaligen Umwelt bieten. Die Neandertaler siedelten hier demnach in einer Strauchtundra.

Auch nach den geologischen, zoologischen und archäologischen Untersuchungen entstand die Fundstelle unter kaltzeitlichem Klima. Absolute Daten um 50 000 BP unterstützen eine geochronologische Einstufung in die Weichsel-Eiszeit. Andreas Pastoors erkannte bei einer typologischen Neuuntersuchung der Steinartefakte einen Zusammenhang mit dem Micoquien; dies lässt ebenfalls auf eine weichselzeitliche Einordnung schließen. Eine vergleichbare Situation zeigt die unten stehende Abbildung.

Unter den Faunenresten sind mindestens 86 Rentiere. Zahlreiche Schnitt- und Schlagspuren an den Knochen zeugen von ihrer systematischen Ausbeutung durch den Menschen. Die Lage der Fundstelle am Ausgang eines schmalen Bachtales in ein weites Flusstal ist für die Rentierjagd sehr geeignet und erinnert an jüngere Fundstellen. Wahrscheinlich sind die Knochen die Überreste mehrerer aufeinander folgender Herbstjagden. Im Anschluss an eine unselektive Jagd zerlegten die Neandertaler die Tiere zur Fleischgewinnung und

Ein Siedlungsplatz der Neandertaler im norddeutschen Flachland.

Auerochse und Bison oder Wisent zählten zur Hauptjagdbeute der Neandertaler.

sortierten anschließend die Knochen. Dabei verwarfen sie solche mit geringem Markgehalt. Sie zerschlugen die Knochen nach einer standardisierten Methode, um an das Knochenmark zu gelangen. Die Neandertaler von Salzgitter-Lebenstedt konzentrierten sich bei der Verwertung ihrer Jagdbeute nur auf erstklassige Ressourcen.

Ein weiterer spezialisierter Jagdplatz der Neandertaler ist Mauran in Südfrankreich, am Oberlauf der Garonne am Fuß der Pyrenäen. Unterhalb eines steilen Abhangs fanden sich Steinwerkzeuge und die Knochen zahlreicher Bisons. Die Bisons zogen hier im Herbst in kleinen Herden auf dem Weg in ihre Winterweidegebiete durch. Diesen Umstand haben die Neandertaler ausgenutzt. Sie wählten eine Stelle aus, an der das Flusstal durch eine Hügelkette und einen Felssporn verengt wird und bauten wahrscheinlich zusätzlich noch Zäune oder Steinhaufen auf, um ein bestimmtes Areal abzugrenzen und den Durchgang noch enger zu machen. Diese Jagdmethode bedingte eine Gruppengröße von mindestens 20 erfahrenen und aufeinander eingespielten Individuen. Ein Teil der Gruppe musste die Tiere in die Engstelle treiben, wo die Jägerinnen und Jäger darauf warteten, ihre Speere auf die herangaloppierenden Bisons zu werfen. Es wurden nur so viele Tiere erlegt wie hinterher auch verwertet werden konnten. Die Zerlegung der Tiere erfolgte an Ort und Stelle. Keines der Tiere wurde in anatomischem Zusammenhang gefunden, alle wurden intensiv verwertet. Die Langknochen wurden aufgebrochen, um an das nahrhafte Knochenmark zu gelangen. Für die verschiedenen Verwertungsschritte fertigten die Neandertaler aus bestimmten Gesteinsrohmaterialien, die zum Teil am Ufer der Garonne in unmittelbarer Nähe des Platzes aufgesammelt werden konnten, ihre Werkzeuge an. Die Gruppe verließ den etwas abseits vom Jagdplatz gelegenen Lagerplatz erst, als das Fleisch aufgebraucht war. Dieser für die Bisonjagd günstige Platz wurde während eines Jahrtausends zum Ende des Sommers wiederholt aufgesucht. Dabei wurde stets nach den gleichen Methoden gejagt und die gleichen Steinwerkzeuge verwendet. Diese Kontinuität belegt die erfolgreiche kulturelle Anpassung der Neandertaler an ihre Umwelt.

Die Neandertaler lebten in Südfrankreich in kleinen Jäger-/Sammler-Gemeinschaften, weit über die Landschaft verstreut. Dies sicherte ihnen ausreichend Nahrung, Rohmaterial etc. für ihre täglichen Bedürfnisse. In einer mobilen Subsistenzstrategie nutzten sie in ihrem Territorium Ressourcen aus, die zeitlich und räumlich verteilt waren. Nach den verwendeten Rohmaterialien reichten die Entfernungen bis zu 150 km. Sie zogen häufig von einem Lagerplatz zum nächsten, wobei viele Plätze wie Mauran wiederholt aufgesucht wurden. Wildbeutergruppen bleiben so lange in einem Gebiet und nutzen dessen Ressourcen, bis ein Grund besteht, weiterzuziehen. Ein solcher Grund kann ein Rückgang der lokalen Ressourcen oder ein Weiterziehen der Jagdbeute sein. Im Laufe eines Jahres besiedelten die Gruppen eine Reihe von Plätzen, an denen zahlreiche Aktivitäten ausgeübt wurden. Mit einigen Ausnahmen lagen die Lagerplätze so, dass von ihnen aus eine Vielfalt von Ressourcen ausgenutzt werden konnten. Darunter war die Jagd die Norm.

Einige weitere Fundstellen aus der Zeit der Neandertaler sind bekannt, an denen ausschließlich eine Tierart gejagt wurde. Wie in Mauran, so wurden in Il'skaja (Nordkaukasus) und Wallertheim (Rheinland) Bisons gejagt, von La Borde (Frankreich) kennen wir einen spezialisierten Auerochsen-Jagdplatz. All diese Fundplätze werden als Tötungsplätze interpretiert, an denen wiederholt Tiere einer Herde erlegt wurden. Die weitere Verwertung der Beute durch die Neandertaler ist durch Schnitt- und Schlagspuren an den Knochen sowie durch Steinwerkzeuge belegt.

Bei den Steinwerkzeugen handelt es sich um einfache Abschläge, gezähnte Stücke und einfache Schaber, die auf die Schnelle aus lokal verfügbaren Rohmaterialien hergestellt wurden.

Eine an paläolithischen Fundstellen reiche Region ist das Vulkangebiet der Osteifel. Die Neandertaler schlugen über 100 000 Jahre lang immer wieder ihre Jagdlager auf den Vulkankegeln auf. Dabei handelt es sich jeweils um eher kurzfristige Aufenthalte. Sie schätzten die Kratermulden offenbar als geschützte Siedlungsplätze, an denen ihnen Wasser aus den Kraterseen zur Verfügung stand. Die Lava speicherte die Sonnenwärme und vom Kraterwall aus hatten die Jäger einen weiten Blick in die offene Landschaft. Eine solche Situation zeigt die Abbildung auf Seite 62. Bevorzugte Beutetiere der mittelpaläolithischen Jäger waren Auerochsen und Wisente, Hirsche und Pferde. Die Tiere wurden am Jagdplatz zerteilt und nur die Gliedmaßen zur weiteren Verwertung zum Lager auf den Vulkankegeln transportiert. Nach Entfleischung brachen die Neandertaler die Langknochen auf, um an das Mark zu gelangen. In einigen Steinwerkzeuginventaren finden sich Spitzen mit Beschädigungen, die darauf hinweisen, dass sie als Bewehrungen für Jagdwaffen genutzt wurden.

Die Jagd muss in der Ernährung der Neandertaler eine große Rolle gespielt haben, denn Isotopenuntersuchungen an Neandertalerknochen belegen einen hohen Anteil tierischer Nahrung. Bei diesen Isotopenuntersuchungen wird der Gehalt an Kohlenstoff ($\delta 13C$) und Stickstoff ($\delta 15N$) im Kollagen der Knochen untersucht. Die Daten ergeben direkte Informationen zur durchschnittlichen Proteinaufnahme der untersuchten Individuen bis zu zehn Jahre vor ihrem Tod. Bislang wurden acht Neandertaler von drei Fundstellen untersucht: Zwei Proben von Marillac in Westfrankreich, zwei Proben von Sclayn in Belgien, je eine Probe von Engis und Spy in Belgien und zwei Proben von Vindija in Kroatien. Die Proben umfassen eine große Zeitspanne: Die Proben von Sclayn sind zwischen 130 000 und 80 000 sowie

Bisonjagd einer Neandertalergruppe in den französischen Pyrenäen.

40000 Jahre alt, Marillac 45000 bis 40000, Spy und Engis zwischen 40000 und 35000 und Vindija 29000 bis 28000 Jahre alt. Die Isotopenwerte im Kollagen der Neandertalerknochen deuten auf eine Ernährung, die überwiegend landlebende Pflanzenfresser wie Rentiere oder Bisons, oder sogar omnivore Säugetiere wie Bären umfasste. In der Ernährung der untersuchten Individuen hatten Salz- oder Süßwasserfische, Schalentiere, wasserlebende Säugetiere oder Wasservögel keine signifikante Rolle gespielt. Nur für die jüngere Probe aus Sclayn wird Mammutfleisch und Süßwasserfisch als Nahrung angenommen.

Bei dieser Auswertung gilt es zu berücksichtigen, dass die Fundstellen ausschließlich im Binnenland liegen. Von archäozoologischen Untersuchungen an Küstenfundstellen wissen wir, dass Neandertaler auch marine Ressourcen nutzten: Mollusken der Flussmündung bei der Vanguard Cave, Gibraltar, Muscheln und Austern in der Grotta di Moscerini, Latium, Italien, Muscheln in mehreren Höhlen und Abris in Ligurien, Italien und in der süditalienischen Provinz Puglia, sowie Fisch und diverse Mollusken in Devil's Tower, Gibraltar. Das scheinbare Fehlen archäologischer Belege für Meeresnutzung ist also sicherlich ein forschungsgeschichtliches Phänomen. Für die Vanguard Cave, Gibraltar, rekonstruieren die Ausgräber aufgrund eines archäologischen Befundes folgende Momentaufnahme aus der Zeit der Neandertaler: Eine kleine Gruppe Neandertaler kam von einer nahe gelegenen Flussmündung zur Höhle. Mit sich brachten sie Muscheln. Aus dem Holz von Mastix- und Wacholdersträuchern, die in den Dünen wuchsen, entzündeten sie ein Feuer im Inneren der Höhle. In die heiße Asche legten sie die Muscheln auf ein Bett aus Blättern oder Algen. Die Muscheln öffneten sich in der Hitze und die Neandertaler entfernten das Fleisch mit ihren Feuersteinmessern. Vielleicht ruhten sie sich nach dem Mahl eine Weile zwischen Feuer und Höhlenwand aus. Sie blieben nicht lange.

Ein Lagerplatz früher Neandertaler auf einem erloschenen Eifelvulkan mit Ausblick auf die Rheinebene.

In einer zusammenfassenden Untersuchung des Subsistenzverhaltens der Neandertaler in Europa konnte Marylène Patou-Mathis feststellen, dass die Neandertaler bereits relativ unabhängig von der Umwelt agierten. Sie nutzten sämtliche verfügbaren Biotope aus. Nur wenige Fundstellen belegen ein opportunistisches Jagdverhalten. Der ausschließliche Verzehr von kleinen Beutetieren und das ausschließliche Sammeln von Aas existierten während des Mittelpaläolithikums in Europa nicht. Die Neandertaler zogen es vor, zwei oder drei Arten zu jagen oder sich auf eine Art zu spezialisieren. Bei der Jagdbeute handelte es sich vor allem um große und mittelgroße Herdentiere der offenen Graslandschaft. Diese Spezialisierung trat in gemäßigten Klimaphasen und in Kälteperioden auf. Die Tiere wurden oft entsprechend Alter, Geschlecht und Größe selektiv getötet. Dies bezeugt das jägerische Können der Neandertaler. Sie wussten auch, klimatische Krisen zu meistern, indem sie ihr Jagdverhalten änderten. In diesen Zeiten war das Faunenspektrum breiter. Tiere beiderlei Geschlechts und sogar trächtige Weibchen wurden gejagt; alle Altersgruppen sind in den Resten der Jagdbeute vertreten.

Für die Neandertaler waren Tiere nicht nur Nahrungs-, sondern auch Rohstofflieferanten. Erlegte Tiere wurden gehäutet und auf die gleiche Weise zerlegt, wie sie auch für das Jungpaläolithikum dokumentiert ist. Haut, Sehnen und Knochen wurden verwertet. Doch Knochen und Geweih wurden seltener als Rohstoffe verwendet als in jüngeren Zeiten. Wahrscheinlich hat Holz eine größere Rolle gespielt, darauf deuten auch Gebrauchsspurenuntersuchungen an Steinwerkzeugen hin.

Die Neandertaler wählten ihre Territorien entsprechend der Anwesenheit von Jagdbeute. Im Laufe des Mittelpaläolithikums wurden die Territorien immer organisierter genutzt. Neandertaler waren sehr mobil. In ihren großen Jagdterritorien sind saisonale Jagdmuster und wiederholte Belegungen einzelner Lagerplätze festzustellen. Es finden sich zahlreiche temporäre Lagerplätze, darunter Jagdlager. Bevorzugt wurden Hochflächen und Hangsituationen, aber auch Höhlen aufgesucht. Neandertaler lebten als erfolgreiche Jäger. Die Jagd erfordert theoretisches und praktisches Wissen, Erfahrung und Unterricht. Sie gründet Traditionen, schafft Erinnerung und strukturiert die Gesellschaft, indem sie den sozialen Zusammenhalt und die Kooperation fördert. Das Planen und Durchführen der täglichen Nahrungsbeschaffung erfordert komplexes Denken, kognitive Fähigkeiten und soziale Organisation.

Es ist aber davon auszugehen, dass sich die Neandertaler mit ihrem profunden Umweltwissen auch pflanzliche Nahrungsquellen erschlossen haben. Aus der Völkerkunde wissen wir, dass selbst die Jäger und Sammler der Arktis und Subarktis darauf nicht verzichten. Nach ethnohistorischen Berichten sammelten Inuit-Frauen zahlreiche Pflanzen, die sie als Nahrungsmittel, Medizin, Rohmaterial, Färbemittel und Brennmaterial brauchten. Als Nahrungsmittel dienten frische oder in Öl konservierte Beeren. Zum Beerensammeln unternahmen Frauen mit ihren Kindern bis zu mehrere Wochen dauernde Reisen. Auch die Stängel, Blätter, Sprossen und Blüten zahlreicher Pflanzen, wie z. B. Engelwurz, Säuerling, Läusekraut, Weidenröschen, Schlangenknöterich, Steinbrech, Löwenzahn, Tang, Moorbeerenblätter und Zwergbirkenblätter wurden verzehrt. Die Pflanzen wurden in Behältern aus Seehundfell zusammen mit Seehundspeck für den Winter konserviert. Dadurch blieb das Vitamin C erhalten. Auch die Wurzeln, z. B. von Mauerpfeffer, Engelwurz, Läusekraut, Löwenzahn, Säuerling, Schlangenknöterich und Ampfer wurden gegessen. Ein ähnliches Pflanzenangebot stand auch den Neandertalerinnen im eiszeitlichen Europa zur Verfügung. Ein noch größeres Angebot fanden sie in Europa während der Warmzeiten und v. a. in ihren südlicheren Verbreitungsgebieten vor.

Lebenserwartung

Einige Publikationen entwerfen ein düsteres Bild des Lebens der Neandertaler. Ihr Leben sei demnach sehr hart und kurz gewesen. Viele Autoren berufen sich dabei auf eine Studie, die der amerikanische Paläoanthropologe Erik Trinkaus anhand von 220 Neandertalerüberresten durchführte, die aus dem gesamten Verbreitungsgebiet stammen und die sich zeitlich über den Bereich von ca. 100 000 bis 35 000 Jahren vor heute erstrecken. Nach seinen Erkenntnissen starben 80 % der erwachsenen Neandertaler bevor sie das vierzigste Lebensjahr erreicht hatten. Die meisten starben bereits im Alter zwischen 20 und 30 Jahren. Die Ergebnisse wurden mit Daten von heutigen Jägern und Sammlern und sesshaften Gruppen verglichen, ebenso wie mit archäologischen indianischen und mittelamerikanischen Funden, mittelalterlichem und neuzeitlichem Material aus Japan und Amerika. Weiterhin wurden noch Daten von Schimpansen und spätpleistozänen Höhlenbären als Vergleich herangezogen.

Diese Untersuchung ist mit einigen Problemen behaftet. Die archäologischen und rezenten menschlichen Vergleichsserien zeigten eine hohe

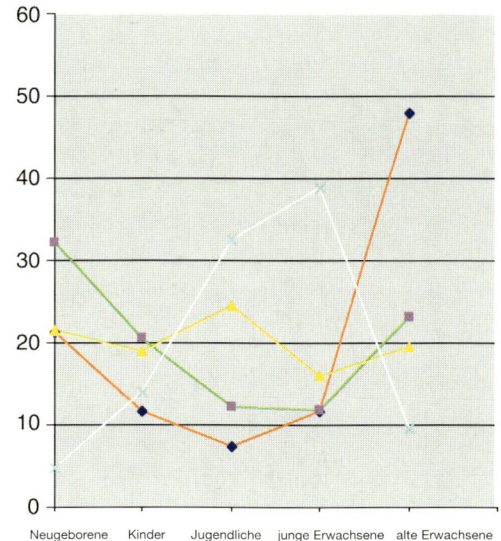

Vergleich der Sterblichkeit der Neandertaler mit rezenten Wildbeuterpopulationen.

Sterblichkeit der Neugeborenen und eine ständige Abnahme der Mortalität von der Kindheit bis in das jugendliche Alter mit einem erneuten Anstieg bei den Erwachsenen. Vor allem die ethnografischen Vergleichsserien weisen neben der höchsten Sterblichkeit der Neugeborenen auch einen Unterschied zwischen jüngeren und älteren Erwachsenen auf. In der Regel starben dort weit weniger jüngere Erwachsene als ältere. Im Vergleich zu diesen ethnografischen Serien ließen die Neandertaler eine unübliche Verteilung der Sterbefälle erkennen. Danach zeigen die Neandertaler einen ständigen Anstieg der Mortalitätsrate vom Säuglingsalter bis zu den Erwachsenen, mit einem Höhepunkt bei den jungen Erwachsenen und einer Abnahme der Sterblichkeitsrate bei älteren Erwachsenen. Da alle verwendeten Vergleichsserien der rezenten Menschen ein anderes Mortalitätsmuster aufweisen, besteht kein Zweifel daran, dass die zur Verfügung stehende Serie aller Neandertaler offenbar keinen repräsentativen Querschnitt der Neandertaler Bevölkerung darstellt. Ihre Verteilung wird von mehreren Faktoren beeinflusst. Zum einen setzt sich die untersuchte Serie von Neandertalerresten aus den unterschiedlichsten Regionen ihres Verbreitungsgebietes, das von Europa bis in den Nahen Osten bzw. Westasien reichte, zusammen. Zum anderen datieren die Funde über einen großen Zeitraum von mehreren zehntausenden von Jahren. Ein weiteres Problem stellt die Tatsache dar, dass es anhand der Skelettreste, vor allem wenn sie nur in fragmentarischem Zustand vorliegen, nicht immer möglich ist, das Lebensalter der einzelnen Individuen exakt zu bestimmen. Dies trifft in gleichem Maß auch bei Resten des anatomisch modernen Menschen zu. Es besteht also die Möglichkeit, dass einige Individuen zu jung eingestuft wurden, da es problematisch ist, vor allem das Lebensalter älterer Individuen exakt zu bestimmen. Ein weiteres Problem, das zur Unzuverlässigkeit der vorhandenen Daten beiträgt, ist die Erhaltung von Bestattungen. Bei den meisten aussagekräftigen Individuen handelt es sich um Bestattungen, die ausschließlich im Bereich von Höhleneingängen und in Felsdächern entdeckt wurden. Es ist also durchaus möglich, dass an diesen Orten nur bestimmte Personen bestattet wurden und somit keine repräsentative Stichprobe vorliegt.

Würde man trotz dieser Einschränkungen das Ergebnis der Sterblichkeit von Neandertalern akzeptieren, so käme man zu dem Resultat, dass das Leben der Neandertaler, wenn sie überhaupt die Kindheit überlebten, als Erwachsene nur sehr kurz gewesen sein kann. Dies hat massive Auswirkungen auf die Berechnung der Bevölkerungsgröße. Bei einer Population, bei der 90 % der Erwachsenen bereits bis zum 35. Lebensjahr verstorben sind, können folglich auch nicht viele Nachkommen existieren. Selbst bei einer hohen Fruchtbarkeit und hohen Geburtenzahlen bei der entsprechend großen Kindersterblichkeit wäre es kaum möglich gewesen, die Bevölkerungsanzahl stabil zu halten, geschweige denn zu erhöhen. Somit wären die einzelnen europäischen und westasiatischen Neandertalerpopulationen stets vom Aussterben bedroht gewesen. Einige Wissenschaftler gehen davon aus, dass für die anatomisch modernen Menschen ihre höhere Lebenserwartung und niedrigere Sterblichkeit einerseits und eine höhere Geburtenrate andererseits ein entscheidender Vorteil gewesen sei, als sie in die von Neandertalern bewohnten Regionen vordrangen. Die modernen Menschen hätten nach dieser Vorstellung die Neandertaler einzig durch ihre zahlenmäßige Überlegenheit ins Abseits gedrängt und somit ihr Aussterben verursacht. Obwohl dieses Szenario aufgrund der fragwürdigen Datenbasis und vor allem der fehlenden Vergleichsuntersuchungen gerade bei diesen frühen Populationen des anatomisch modernen Menschen nur wenig Wahrscheinlichkeit besitzt, greifen es viele Wissenschaftler auf und tragen auf diese Weise zu einem Bild bei, welches das Leben der einzelnen Neandertalerindividuen als kurz, hart und brutal beschreibt. Ein Überleben der Neandertalerpopulationen war nach diesen Vorstellungen immer nur knapp möglich. Als die Neandertaler schließlich durch die Zuwanderung einer neuen Menschenform Konkurrenz in ihrem eigenen

Gebiet bekamen starben nach dieser Theorie viele Gruppen schnell aus oder wurden in die Randgebiete abgedrängt und starben dort nach einigen tausend Jahren vollständig aus (siehe »Das Ende der Neandertaler«).

Eine Rekonstruktion der Lebenserwartung mit Hilfe von statistischen Methoden ist für die Neandertaler nicht möglich. Dafür ist die Datenbasis der vorliegenden Funde im Verhältnis zu der großen zeitlichen Tiefe und der Größe ihres Verbreitungsgebietes nicht ausreichend. Wir sind bei der Frage, wie groß die durchschnittliche Lebenserwartung eines Neandertalers war, auf zahlreiche Vermutungen angewiesen, die es kaum möglich machen, ein objektives Ergebnis zu erhalten. Neben dem Fehlen von Vergleichsinformationen aus dem Jungpaläolithikum ist vor allem die Vergleichbarkeit mit den ethnografischen Daten von Wildbeuterpopulationen wie den Hadza, den !Kung und Ache ein großes Problem. All diese Gruppen sind bereits seit einigen Generationen in ihrer natürlichen Lebensweise beeinträchtigt oder bedrängt und verschiedenen Zivilisationseinflüssen ausgesetzt, die auch die Lebenserwartung und Sterblichkeit positiv oder negativ beeinflussen. Eine Vergleichbarkeit mit den Wildbeutern des Paläolithikums ist daher nur unter Einschränkungen möglich. Hinzu kommt, dass die genannten Gruppen in völlig anderen Habitaten leben, die mit dem eiszeitlichen Europa nicht vergleichbar sind. Vor diesem Hintergrund lassen sich Szenarien, die die Lebenserwartung der Neandertaler beschreiben und mit diesen Argumenten letztlich auch ihr Verschwinden erklären wollen, kaum eindeutig belegen. Was bleibt, sind lediglich Erkenntnisse zu individuellen Schicksalen, wie sie auch Untersuchungen zu den Erkrankungen hervorbringen.

Aus den vorliegenden Informationen, die auf den Untersuchungen der Skelettreste und auf den Vergleichen mit heute lebenden Wildbeuterbevölkerungen basieren, lassen sich lediglich allgemeine Feststellungen treffen. So ist es sicherlich zutreffend, dass das Leben der Neandertaler zumindest zeitweise von großen körperlichen Anstrengungen und in einzelnen Lebensabschnitten auch von Entbehrungen gekennzeichnet war. Hierbei ist allerdings zu berücksichtigen, dass nicht alle Lebensräume und Zeitabschnitte die gleichen Lebensumstände geboten haben dürften. Mit anderen Worten, das Leben der Neandertaler und damit auch ihre Lebenserwartung dürfte je nach den klimatischen und räumlichen Bedingungen entsprechenden Schwankungen unterworfen gewesen sein. Auch dürfen individuelle Schicksale, die wir in Form der Knochenfunde vor uns haben, nicht unterschätzt werden. Wie im folgenden Abschnitt dargestellt, kennen wir einzelne Individuen, deren Leben an heutigen Maßstäben gemessen als außergewöhnlich hart bezeichnet werden muss. Dennoch liegen in Einzelfällen auch zahlreiche Belege für das Erreichen eines höheren Lebensalters von über 50 Jahren vor.

Krankheiten

Obwohl die Skelettreste der Neandertaler sicherlich zu den am intensivsten untersuchten Knochen unserer Vorfahren gehören, ist über ihre Verletzungen und Krankheiten immer noch relativ wenig bekannt. Eine Ausnahme stellt eine Untersuchung von Thomas Berger und Erik Trinkaus dar. In dieser Studie wurden alle mehr oder weniger vollständigen Skelettreste erwachsener Neandertaler auf das Vorkommen von Knochenbrüchen untersucht. Die insgesamt 17 Fälle stammen aus einem Zeitraum von 130 000 bis ca. 40 000 Jahren vor heute aus Europa (Frankreich, Deutschland, Kroatien) und Westasien (Israel und Irak). Während die meisten Individuen lediglich einen Defekt aufweisen, der das Resultat eines verheilten Knochenbruches darstellt, fallen zwei Individuen aufgrund der Vielzahl ihrer Erkrankungen auf. Es handelt sich um die Bestattungen von La Chapelle-aux-Saints in Südfrankreich und

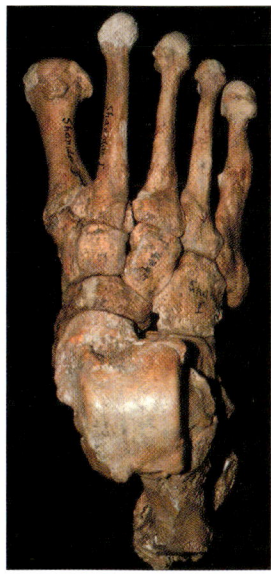

Der rechte Fuß des Neandertalers aus Grab 1 von Shanidar mit Spuren von arthritischen Veränderungen im Bereich der Großzehe und der Fußwurzel.

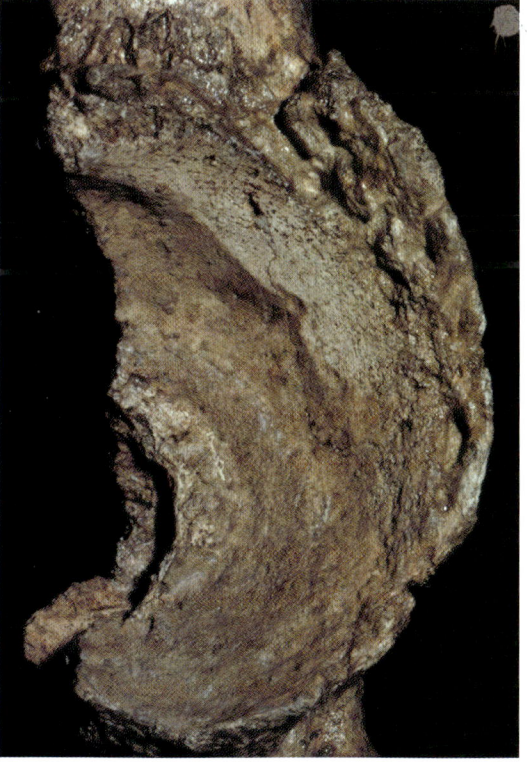

Ein Detail des Hüftgelenkes des Neandertalers von La Chapelle-aux-Saints mit Spuren einer arthritischen Veränderung.

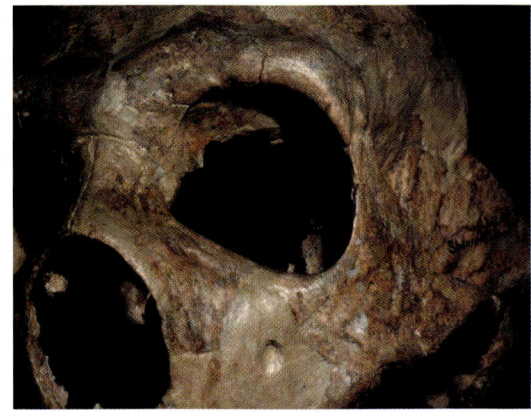

Die Knochenveränderung am Wangenbein von Shanidar 1 im Bereich des linken Auges. Dieser verheilte Defekt ist Folge einer Fraktur und hat vermutlich zum Verlust der Sehkraft des betroffenen Auges geführt.

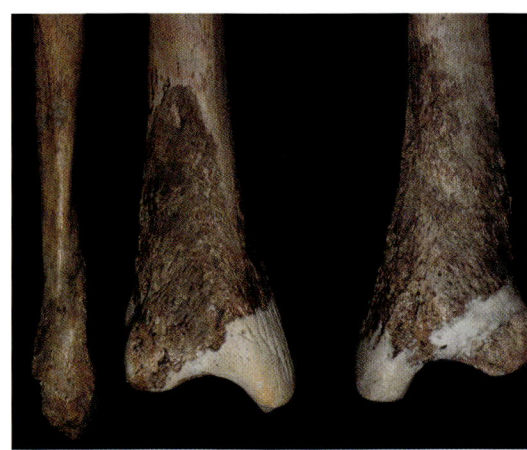

Knochenauflagerung im unteren Bereich der Schienbeine des Neandertalers aus Grab 1 der Fundstelle von La Ferrassie. Die Knochenhautentzündung ist wahrscheinlich Folge einer Stoffwechselerkrankung, die zum Tod des Individuums führte.

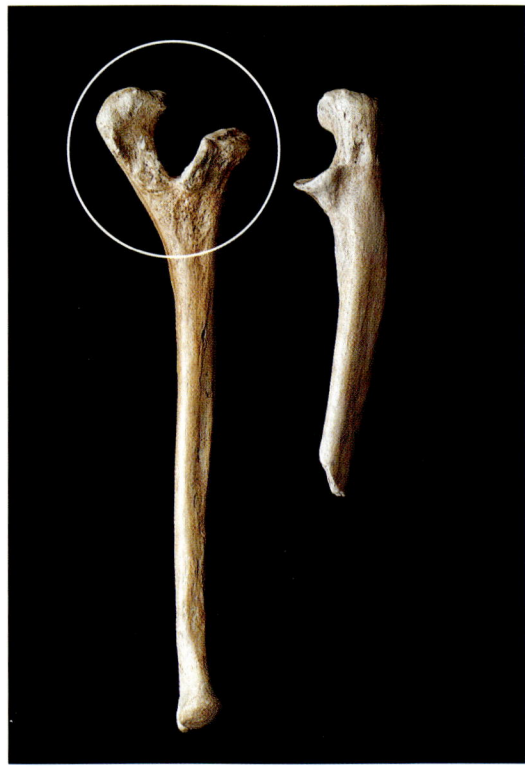

Die Ellen des namengebenden Neandertalerfundes. Während der rechte Knochen keine krankhafte Veränderung aufweist, zeigt das linke Ellenbogengelenk Spuren einer verheilten Fraktur, die zu einer Beeinträchtigung der Bewegung in diesem Gelenk geführt hat.

Shanidar 1 aus dem Nordirak. Beide Männer hatten zahlreiche verheilte Brüche im Bereich der Halswirbel, Rippen und des Beckens sowie an den Oberarmen, Fußknochen und am Schädel. Bei beiden kommen noch arthritische Erkrankungen hinzu, die in einigen Fällen Folgen dieser und weiterer verheilter Brüche sein können. Das Individuum 1 aus der Höhle von Shanidar ist bekannt geworden durch die Tatsache, dass ein Bruch des linken Wangenbeines in Augenhöhe wahrscheinlich zu einer Erblindung auf diesem Auge geführt hat. Hinzu kommt noch ein fehlender rechter Unterarm. Der Oberarm dieser Körperseite wurde nach Meinung von Erik Trinkaus amputiert. Da der Armstumpf danach nicht mehr benutzt werden konnte, verkümmerte der Knochen. Dieser ca. 30–40 Jahre alte Mann stellt gewiss eine Ausnahme dar. Nur wenige Individuen waren von einer solchen Vielzahl von schweren Knochenbrüchen und anderen Krankheiten betroffen. Immerhin zeigt dieses Beispiel jedoch, dass auch so schwer verletzte Personen von der Gruppe nicht nur versorgt wurden, bis ihre Wunden verheilt waren, sondern auch danach noch als Behinderte weiter unterstützt und nach ihrem Tod bestattet wurden. Der Vergleich mit den übrigen Individuen zeigte, dass Knochenbrüche bei Neandertalern meist im Bereich des Kopfes und der oberen Extremitäten vorkamen. Auch das namengebende Skelett aus dem Neandertal weist einen verheilten Defekt oberhalb des rechten Auges und eine in Fehlstellung verheilte Fraktur des linken Ellenbogengelenkes auf. Während von der Kopfverletzung keinerlei Spätfolgen eintraten, verursachte der Bruch des Unterarmgelenkes eine deutliche Bewegungseinschränkung. So konnte der linke Unterarm nur noch bis ca. 90° gebeugt und die Hand nur noch halb gedreht werden. Nur bei wenigen untersuchten Skelettresten waren Knochenbrüche im Bein- und Fußbereich zu erkennen, die eine Fortbewegung dauerhaft eingeschränkt hätten. Dieses Ergebnis könnte natürlich auch auf die geringe Anzahl der untersuchten Individuen zurückzuführen sein. Thomas Berger und Erik Trinkaus gehen allerdings davon aus, dass die nicht mehr mobilen Mitglieder einer Gruppe einfach zurückgelassen und dann nicht bestattet wurden und somit auch nicht bei Ausgrabungen entdeckt werden können. Der Vergleich dieser Verteilung von Verletzungen mit verschiedenen archäologischen und heutigen Serien erbrachte in den meisten Fällen Abweichungen vor allem bei dem hohen Anteil von Kopf- und Nackenverletzungen der Neandertaler. Die einzige Vergleichsserie, die hier den Neandertalern entsprach, waren amerikanische Rodeoreiter, deren Verletzungsverteilungen auch im übrigen Körperbereich den Neandertalern sehr ähnlich waren. Dieses Ergebnis könnte natürlich auch durch die geringe Anzahl der untersuchten Neandertalerfunde verursacht worden sein. Die Autoren der Studie betonen außerdem, dass dies nicht bedeuten soll, dass Neandertaler versucht hätten, auf Rindern und Pferden zu reiten und sich bei Stürzen entsprechende Verletzungen zugezogen hätten. Die meisten Verletzungen bei Rodeoreitern entstehen nicht durch die Stürze, sondern werden durch die Hufe der Tiere verursacht. Daher könnte dieses Ergebnis unter Einschränkungen darauf hindeuten, dass sich die Neandertaler die entsprechenden Verletzungen bei Jagdaktivitäten zugezogen haben, als die Tiere sich gegen die Angreifer zur Wehr setzten. Bedauerlicherweise liegen bislang noch keine vergleichbaren zusammenfassenden Untersuchungen für die anatomisch modernen Menschen des Jungpaläolithikums vor. Die vorliegenden Einzelergebnisse deuten jedoch darauf hin, dass hier ebenfalls gehäuft Verletzungen im Kopf- und oberen Extremitätenbereich zu finden sind. Wie weiter oben ausgeführt, deckt sich dieses Ergebnis mit der Analyse der Jagdwaffen und der Faunenreste an den Fundstellen, die nachweisen, dass die Neandertaler Großsäuger aus nächster Nähe gejagt und erlegt haben.

Neben den spektakulären Fällen von Knochenbrüchen bei Neandertalern lassen sich jedoch noch einige andere Erkrankungen feststellen. Einige, vor allem ältere Individuen weisen arthritische Veränderungen an den Gelenken auf. Diese werden zwar in einzelnen Fällen auch mit den Nachwirkungen von verheilten Knochenbrüchen in Verbindung gebracht, sind jedoch wahrscheinlich auch unmittelbar auf die Lebensweise der Neandertaler zurückzuführen. In einem Fall (La Ferrassie 1) konnte zudem durch den Nachweis einer Knochenhautentzündung vor allem an Ober- und Unterschenkel der Nachweis einer systemischen Erkrankung erbracht werden, die sehr wahrscheinlich den Tod der betreffenden Person herbeigeführt hat. Die häufigsten krankhaften Veränderungen, die sich am Skelett belegen lassen, liegen im Bereich des Kauapparates. Auffallend ist dabei, dass zumindest bei den europäischen Neandertalern trotz der Tatsache, dass zahlreiche Kiefer und Zahnfunde vorliegen, nur drei Fälle von Karies belegt sind. Offenbar gehörte die Karies nicht zu den häufigen Krankheiten dieser Zeit, ganz im Gegensatz zu zahlreichen Fällen von entzündlichen Prozessen am Zahnhalteapparat, die durch Zahnfleischentzündungen oder Verletzungen verursacht wurden. In einigen Fällen ist nachgewiesen, dass Neandertaler an mehreren eitrigen Entzündungen im Zahnwurzelbereich gleichzeitig litten und dadurch auch Zähne ausfielen. Diese Art von Erkrankung wurde sicherlich nicht nur durch mangelnde Mundhygiene verursacht, sondern vor allem durch den starken Gebrauch der Zähne und einer entsprechenden Belastung des Zahnfleisches. Durch Verletzungen im Bereich des Zahnfleisches können sich Entzündungen bilden und Bakterien entlang der Zahnhälse in den Kiefer eindringen. In der Folge bilden sich dann eitrige Entzündungsherde an der Wurzelspitze des Zahnes, die bei fortschreitender Entwicklung durch die Auflösung des Kieferknochens zu einem Zahnverlust führen können. Neben diesen Erkrankungen wurden jedoch auch die Zähne der Neandertaler selbst durch die starke Beanspruchung des Kauapparates in Mitleidenschaft gezogen. Mikroskopische Untersuchungen zeigen, dass vor allem die Frontzähne häufig Absplitterungen und tiefe Kratzer am Zahnschmelz aufweisen. Hinzu kommt noch eine vor allem bei erwachsenen Neandertalern häufig erkennbare Abrasion (Zahnabschliff). Dieser für die Neandertaler charakteristische Abschliff ist vor allem an den Zähnen des Oberkiefers deutlich zu erkennen. Es handelt sich um eine gerundete Abrasion des Zahnschmelzes, die im Oberkiefer von innen nach außen schräg verläuft. Üblicherweise entstand eine Zahnabrasion bei prähistorischen Bevölkerungen durch den Konsum harter oder mit Gesteinspartikeln angereicherten Nahrungsmitteln. Ein Abschliff dieser Art kann jedoch nicht durch einfaches Abkauen der Zähne entstehen, da in diesem Fall kein unmittelbarer Druck durch den Kontakt der Zahnreihen aufeinander ausgeübt wird. Durch ethnographische Beobachtungen bei den Inuit weiß man, dass gerade die Frontzähne häufig für verschiedene Aktivitäten z. B. zum Festhalten von Gegenständen oder zum Weichkauen von Leder verwendet werden. Aus diesem Grund ist auch bei den Neandertalern davon auszugehen, dass sie ihre Zähne gewissermaßen als dritte Hand benutzten. Allerdings ist bislang noch nicht geklärt, welche Tätigkeiten genau zu diesem eigenartigen Abschliff führten. Bei den verschiedenen paläolithischen und prähistorischen Menschenresten werden zwar in der Regel zum Teil sehr starke Abrasionen festgestellt, sie unterscheiden sich aber in der Form des Abschliffes deutlich von dem der Neandertaler.

Während bei erwachsenen Neandertalern einige Fälle von zum Teil schwerwiegenden Erkrankungen belegt sind, gibt es bislang nur wenige

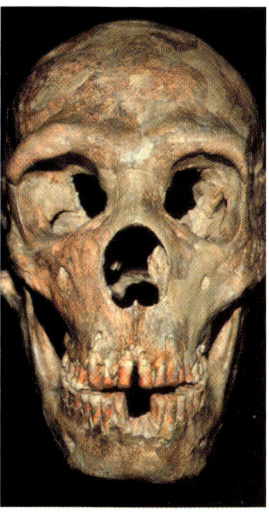

Der Schädel des Individuums 1 aus Shanidar. Die Zähne lassen den für Neandertaler typischen Abschliff erkennen.

Erkenntnisse zu den Krankheiten der Kinder. Bei einigen sind an den Zähnen so genannte Schmelzhypoplasien zu erkennen. Diese als lineare wellige Strukturen im Zahnschmelz erkennbaren Veränderungen lassen auf Zustände von Mangelernährung während derjenigen Phase der Kindheit schließen, in der der Zahnschmelz ausgebildet wird. Es kam bei den Neandertalern offenbar immer wieder zu einer angespannten Ernährungslage, in der die Kinder nicht optimal ernährt werden konnten. Dies ist im Lauf der Menschheitsgeschichte keine einzigartige Situation. Vor allem mit dem Beginn der Sesshaftigkeit z. B. treten bei vielen Kindern diese Erscheinungen von Mangel- oder Fehlernährung auf.

Hinweise auf rituelles Verhalten

Die Definition so genannter symbolischer Objekte, die keinen unmittelbaren Zweck erkennen lassen und die Hinweise auf symbolische Handlungen oder Vorstellungen geben können, ist äußerst problematisch und noch schwieriger archäologisch zu fassen. Häufig werden Funde von Objekten, die eine Fähigkeit zur Abstraktion erkennen lassen, als solche bezeichnet und teilweise auch als Hinweis auf Sprachfähigkeit gesehen. Dies ist durchaus plausibel, wenn man davon ausgeht, dass die entsprechenden Kommunikationsmöglichkeiten gegeben sein müssen, um Objekte oder Handlungen mit symbolischem Inhalt hervorzubringen. Diese Diskussion betrifft jedoch vor allem die Vorfahren der Neandertaler wie *Homo heidelbergensis* oder archaischen *Homo sapiens* und *Homo erectus/Homo ergaster*. Für die Neandertaler kann von einer voll entwickelten Sprachfähigkeit ausgegangen werden, daher sind hier die Voraussetzungen zum Nachweis von symbolischen Handlungen oder zum Fund von entsprechenden Objekten gegeben.

Mit der Diskussion um Objekte, die keinen erkennbaren unmittelbaren Nutzen haben, ist eng die Frage nach dem frühesten Nachweis von Kunst verbunden. Beides ist voneinander kaum zu trennen. Die Debatte beschränkt sich keineswegs auf das Mittelpaläolithikum, sondern wird bereits auch für das Altpaläolithikum geführt. Aus verschiedenen Fundstellen, die dem Acheuléen zuzurechnen sind, liegen Objekte vor, die in einer Art und Weise bearbeitet wurden, die nicht das Resultat einer Werkzeugherstellung oder ähnlichem ist. Neben diesen bearbeiteten Stücken kommen auch unbearbeitete Objekte vor, die offenbar von den Menschen gesammelt wurden. Meist handelt es sich um Fossilien und auffallende Mineralien, die eindeutig ortsfremd und auch zum Teil über eine lange Strecke transportiert worden sind. Immer wieder kommen seit dem Altpaläolithikum auch Werkzeuge vor, die entweder aus Fossilien hergestellt wurden oder aber entsprechende Einschlüsse tragen. Hierbei sind die Faustkeile aus West Tofts und Hoxne besonders hervorzuheben, die um fossile Einschlüsse herum gearbeitet sind. Diese Art und Weise einer Werkzeugherstellung folgt nicht nur rein technischen Vorgaben und Notwendigkeiten, sondern hier lässt sich bereits ein ästhetisches Empfinden fassen. Letzteres ist bei Einzelstücken innerhalb größerer Inventare auch durch die Auswahl exotischer und farblich auffallender Rohmaterialien zu belegen. Diese Materialien weisen meist keine besseren Qualitäten auf, sondern unterscheiden sich von den lokal vorkommenden nur durch ihre Färbung.

Untersuchungen einiger, angeblich symbolischer Objekte aus Knochen oder Stein aus dem Alt- und Mittelpaläolithikum, mit modernen mikroskopischen Verfahren haben in den meisten Fällen ein eher ernüchterndes Ergebnis. Sie konnten die Annahme, dass es sich um vom Menschen in einer bestimmten Absicht bearbeitete Stücke handelt, nicht bestätigen. Bei allen untersuchten Objekten ließ sich feststellen, dass alle Oberflächenveränderungen, die als Ritzungen oder Durchbohrungen angesehen wurden, auf natürliche Art und Weise, z. B. bei Knochen durch Tierverbiss, entstanden sind. Dass solche Objekte dennoch existiert haben können, zeigen z. B. die Untersuchungen an einem Objekt aus Berekhat Ram in Israel. Der Fund stammt aus einem Acheuléen-Kontext, der in die Zeit zwischen 250 000–280 000 vor heute datiert wird. Auch wenn eine eindeutige Ansprache als menschliche Darstellung nicht möglich ist, wurde von Anfang an vermutet, dass es sich um ein Stück handelt, das vom Menschen hergestellt wurde und nicht durch natürliche Vorgänge entstanden war. Die mikroskopischen Untersuchungen belegen eine Modifikation durch den Menschen, die nicht auf eine funktionale Verwendung schließen lässt. Es könnte sich demnach um ein symbolisches, rituelles Objekt handeln, seine nähere Bedeutung und Funktion bleiben aber unklar.

Ein weiterer Fund sogar noch älterer Zeitstellung stammt aus der bekannten mitteldeutschen Fundstelle von Bilzingsleben in Thüringen, die auf eine Zeit von 300 000–400 000 vor heute datiert wird. Auf dem Bruchstück einer Elefantenrippe finden sich regelmäßige strahlenförmig angeordnete Ritzungen. Neben einer Deutung als ein Objekt mit symbolischem Charakter wurde

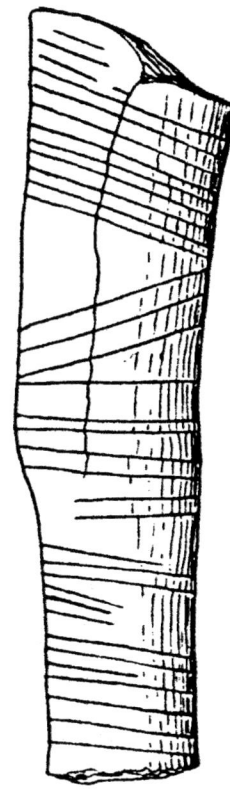

Ein Knochenfragment mit regelmäßigen Ritzungen aus der Fundstelle La Ferrassie. Die Bedeutung solcher Ritzungen ist unbekannt.

auch vermutet, dass es sich um eine Schneideunterlage handeln könnte, bei der die Ritzungen unabsichtlich beim Schneidevorgang auf der Unterlage entstanden sind. Eine mikroskopische Untersuchung ergab Unterschiede zu als Schneideunterlage verwendeten Objekten. Die Schnittspuren bei diesem Objekt sind sehr regelmäßig und gleichmäßig tief ausgeführt worden. Dies spricht nicht für eine Verwendung als Unterlage, sondern für ein absichtliches Herstellen der Ritzungen und damit auch des Musters. Allerdings kann auch in diesem Fall keine Aussage zur Bedeutung oder Funktion des Stückes gemacht werden.

Trotz einiger weniger positiver Nachweise entpuppten sich viele der meist aus Knochen hergestellten Objekte mit Ritzspuren oder Löchern bei näherer Untersuchung als das Produkt von natürlichen Vorgängen oder von Tierfraß. Als ein solches Beispiel kann die umstrittene Knochenflöte aus der Divje Babe Höhle in Slowenien gelten. Der Fund wurde als die erste mittelpaläolithische Flöte bezeichnet, womit nachgewiesen werden sollte, dass die ersten dieser Instrumente bereits aus der Zeit der Neandertaler und nicht, wie die Funde aus Isturitz in den französischen Pyrenäen und der Geißenklösterle-Höhle in Südwestdeutschland nahe legen, aus dem frühen Jungpaläolithikum stammen. Die angebliche Knochenflöte war aus dem Schaftfragment eines Bärenfemurs hergestellt. Allerdings handelt es sich nach neuen mikroskopischen Untersuchungen nicht um ein vom Menschen modifiziertes Objekt. Zwei vollständige und drei teilweise erhaltene Löcher wurden auch als Bissspuren eines Raubtieres interpretiert. Die Ergebnisse neuerer Untersuchungen mahnen zur Vorsicht bei allen durchlochten Phalangen oder Langknochen, wie sie aus zahlreichen mittel- und jungpaläolithischen Fundstellen vorliegen. Die bislang durchgeführten Analysen haben einen sehr hohen Anteil an eindeutigem Tierverbiss als Ursache für die Durchlochungen ergeben.

Ein Einzelfund eines Knochenfragmentes mit gruppenweise angeordneten parallelen Linien liegt aus der Fundstelle La Ferrassie in der Dordogne vor. Von dieser Fundstelle stammen neben einer komplexen Stratigrafie des Mittel- und Jungpaläolithikums auch insgesamt acht Neandertalerbestattungen. Das Knochenfragment lässt sich jedoch nicht als Beigabe eines der Gräber ansprechen, obwohl es in der Nähe der Bestattung 1 entdeckt wurde. Auch die Bedeutung des Stückes ist unklar.

Aus der gleichen Fundstelle liegt ein weiterer bemerkenswerter Befund aus Bestattungszusammenhang vor. In Grab 6 ist ein ca. 3 Jahre altes Kind beerdigt worden. Die Grabgrube zeigt durch ihre dreieckige Anlage mit schräger Grubensohle eine sonst nicht belegte Form. Die Skelettreste befanden sich am tiefsten Punkt der Grube, mit Ausnahme des Schädels, der ca. 2,5 m entfernt unter einem großen ebenfalls dreieckigen flachen Stein deponiert war. Der Stein trägt an der Unterseite eine große und neun kleine näpfchenförmige Vertiefungen, die wegen ihrer regelmäßigen Lage und des paarweisen Auftretens als artifiziell angesehen werden. Zusätzlich waren drei Steinartefakte als Beigabe in das Grab gelegt worden.

Eine entscheidende Rolle in der Diskussion um Funde von möglichem rituellen oder Schmuck-

Schmuckstücke aus den Chatelperronien-Schichten der Fundstelle Arcy-sur-Cure, Grotte du Renne. Sie belegen, dass bereits die Neandertaler Schmuck aus Fossilien, Knochen, Tierzähnen und Elfenbein anfertigten und trugen.

a: durchbohrter und bearbeiteter Zehenknochen eines Rentiers in Form eines Hirscheckzahnes
b: aufgesammeltes Fossil mit einer Ritzung zur Befestigung als Anhänger
c: drei Eckzähne vom Fuchs, die zum Teil ausgebesserte Durchbohrungen und Ritzungen zur Befestigung einer Schnur aufweisen
d: Eckzahn eines Fuchses mit Ritzung

charakter spielt die Fundstelle Grotte du Renne in Arcy-sur-Cure in Frankreich. Hier finden sich oberhalb von vier Mousterien- Horizonten drei Chatelperronien-Schichten, die wiederum von einer Aurignacien- und drei Gravettien-Schichten überlagert werden. Das reiche Fundmaterial des Chatelperroniens umfasst auch 36 Knochen- und Zahnobjekte, die als persönliche Schmuckgegenstände zu bezeichnen sind. Es handelt sich bei den Schmuckobjekten um den Eckzahn eines Fuchses, einen Bärenschneidezahn und zwei Bovidenschneidezähne mit umlaufenden Rillen an den Zahnwurzeln, die als Befestigung für Schnüre angesehen werden. Ähnliche Rillen zur Befestigung weisen auch einige Fossilien aus der Fundstelle auf. Eine andere Befestigungsart lässt sich in Form von Durchbohrungen an dem Eckzahn eines Wolfes und eines Rentierknöchels belegen. Ähnliche Funde von an der Wurzel durchbohrten Zähnen liegt aus den mittelpaläolithischen Schichten der französischen Fundstelle La Quina (Eckzahn eines Fuchses) und zusammen mit einem ebenfalls durchbohrten Knochenfragment aus der Repolusthöhle (Schneidezahn eines Wolfes) in Österreich vor. Als eine weitere Besonderheit liegen aus der Grotte du Renne zwei fragmentarische ringförmige Objekte aus dünnen Knochenplatten mit einer großen zentralen Durchlochung vor. Nachdem zunächst vermutet worden war, dass die Schmuckstücke gar nicht aus den Chatelperronien-Schichten stammten, sondern aus der darüber liegenden Aurignacien-Schicht eingetrampelt oder durch Sedimentationsprozesse verlagert worden seien, ging man später davon aus, dass der Kontakt mit modernen Menschen zu den entsprechenden Nachahmungen von Schmuck oder Kunst geführt hat, oder dass die Stücke selbst von modernen Menschen stammen und eingetauscht wurden. In sechs weiteren Fundstellen des Chatelperronien Frankreichs fanden sich entsprechende Funde von Schmuckobjekten. Die meisten dieser Fundstellen enthielten auch darüber liegende Schichten aus dem Jungpaläolithikum. Nach den Untersuchungen durch Francesco d'Errico und Joao Zilhao am Fundmaterial von Arcy-sur-Cure fanden sich in den entsprechenden Schichten der Grotte du Renne jedoch auch die Herstellungsabfälle der Schmuckproduktion. Es ist also davon auszugehen, dass die Neandertaler die Stücke selbst hergestellt hatten. Die Herstellungstechnik unterscheidet sich dabei von der im Aurignacien angewandten, so wurden die Stücke zur Befestigung an der Kleidung eingekerbt und wenn Löcher gebohrt wurden, so wurde im Chatelperronien zuerst vorgebohrt und dann erweitert. Im Aurignacien wurde die zu durchbohrende Stelle dünn geschabt und anschließend durchbohrt. Da beide Kulturen zeitgleich existierten, das Chatelperronien jedoch stratigrafisch älter ist, kann diese Kultur das Aurignacien nicht imitieren.

Nach dem gegenwärtigen Stand der Untersuchungen haben die Neandertaler im Chatelperronien Objekte hergestellt, die entweder als Gegenstände die keine funktionale Bedeutung hatten, oder als persönlicher Schmuck zu bezeichnen sind. Welche Bedeutung diese Stücke hatten, ob sie lediglich ein Schmuckbedürfnis befriedigten, oder eine rituelle Funktion hatten, kann nicht geklärt werden. Offensichtlich treten Objekte dieser Art auch nicht unvermittelt bei den späten Neandertalern auf, sondern lassen sich in Form von Ritzungen auf Knochenoberflächen, vereinzelten Anhängern aus Zähnen und einzelnen Stücken aus Stein bis in das späte Altpaläolithikum verfolgen. Neben der äußerst problematischen Erkennbarkeit solcher Stücke und ihrer Interpretation ist die archäologische Fundüberlieferung sicherlich ein wesentlicher Grund für die Seltenheit dieser Funde. Es ist davon auszugehen, dass Objekte dieser Art nicht nur aus dauerhaften Materialien wie Knochen, Elfenbein und Stein, sondern auch aus vergänglichem organischen Material wie Holz hergestellt wurden.

Pigmente und Farben

Auf mittelpaläolithischen Fundplätzen kommen immer wieder Farbpigmente vor: Eisenoxydstücke oder roter Ocker, der ein Farbspektrum von gelb, braun und rot besitzt, und schwarzes Manganoxyd. Letzteres ist sehr häufig auf mittelpaläolithischen Fundstellen anzutreffen, während roter Ocker seltener ist. Die Stücke liegen nicht nur als unbearbeitete Rohstücke vor, sondern weisen häufig Kratzspuren und Schlifffacetten auf, was ihre Verwendung als Farbstoff nahe legt. Beide Pigmentarten sind auch die in der jungpaläolithischen Höhlenkunst am häufigsten verwendeten Farben. Die Aktivitäten, die im Zusammenhang mit der Verwendung des Farbstoffes im Mittelpaläolithikum ausgeübt wurden, sind jedoch weitgehend unbekannt. Es ist durchaus vorstellbar, dass das gewonnene Pulver oder der Abrieb zur Körperbemalung, zum Färben der Kleidung oder von Gegenständen Verwendung gefunden hat. Es ist auch nicht ausgeschlossen, dass, wie entsprechende Experimente gezeigt haben, roter Ocker als Imprägnierungsmittel gegen Feuchtigkeit für Leder verwendet wurde. Aus mittelpaläolithischen Fundstellen gibt es Steine mit Ockerspuren, die sich ebenso auf einigen

Stein- und Knochenwerkzeugen finden. In keinem Fall konnten bislang jedoch Muster oder Farbspuren, die auf Malereien hindeuten, entdeckt werden.

In der südwestfranzösischen Fundstelle von Pech-de-l'Azé wurden bereits bei früheren Grabungen insgesamt 250 Manganoxydstücke in den spätmittelpaläolithischen Schichten entdeckt. Die Mehrzahl der Farbstoffstücke ließ Bearbeitungs- und Gebrauchsspuren in Form von Kratz- und Schliffspuren und in einigen Fällen auch stiftartige Zuarbeitungen erkennen. Mikroskopische Analysen der Schlifffacetten haben ergeben, dass mit diesen »Stiften« Linienmuster gemalt wurden. Der Gebrauch von Farbstoffen zur Herstellung von ornamentartigen Malereien ist damit zeitlich nicht länger auf die frühen anatomisch modernen Menschen oder das Jungpaläolithikum begrenzt.

Bärenkult

Ausgelöst von Funden in der Schweizer Höhle Drachenloch in den zwanziger Jahren durch Theophil Nigg und Emil Bächler wurde die Theorie eines mittelpaläolithischen Höhlenbärenkultes aufgestellt. Die Ausgräber entdeckten in dieser und weiteren Fundstellen auf über 2000 m Höhe über NN neben vermeintlichen Knochen- und Steinartefakten eine große Anzahl von Skelettresten des Höhlenbären. Während es durch neuere Artefaktfunde mittlerweile als gesichert anzusehen ist, dass sich Neandertaler zumindest kurzzeitig auf Höhen über 2000 m in den Alpen aufgehalten haben, waren die Aussagen zu einem Höhlenbärenkult von Anfang an sehr umstritten. Auch die von Bächler veröffentlichten Stein- und vor allem Knochenwerkzeuge halten einer kritischen Überprüfung bis auf wenige Ausnahmen nicht stand. Als besonders Aufsehen erregend gewertet wurde der Fund einiger Höhlenbärenschädel aus dem Drachenloch, die in einer Steinkiste zu liegen schienen. Neben dieser Steinkiste wurde auch ein einzelner Schädel hervorgehoben, bei dem ein Oberschenkel scheinbar absichtlich durch den Jochbogen des Schädels geschoben war. Die Ausgräber interpretierten diese Befunde, angeregt durch ethnografische Berichte über Bärenkulte aus Sibirien, Nordeuropa und Südostasien, als einen Opferkult, bei dem die Überreste der bei der Jagd erlegten Höhlenbären geopfert wurden. Bei diesen Völkern wird der Braunbär als mythisches Wesen gesehen, der als Mittler zwischen Diesseits und Jenseits auftritt. Wird ein Bär bei der Jagd erlegt, muss eine Zeremonie abgehalten und seine Knochen bestattet werden, um die Geister zu besänftigen. Als Begründung für einen mittelpaläolithischen Bärenkult wurde die ungewöhnliche Fundsituation vor allem der Schädel angeführt. Zur gleichen Zeit und in der Folge dieser Grabungen und Veröffentlichungen wurden weitere Fundstellen in Europa entdeckt, die in der Zeit der zwanziger bis in die sechziger Jahre des 20. Jahrhunderts immer wieder das Thema um einen Höhlenbärenkult aufleben ließen. Allen Fundstellen ist gemeinsam, dass sich Bärenschädel und große Langknochen in scheinbar auffälligen Lagen befanden, was ausschließlich menschlichem Einfluss zugeschrieben wurde. Die Kritik, die diesen Interpretationen entgegengebracht wurde, bezog sich zum einen auf die widersprüchliche Wiedergabe der Befunde und ihre nur unzureichende Dokumentation. Zum anderen wurden die Befunde offenbar bereits bei der Grabung in bestimmter Hinsicht interpretiert. Meist wurde nur auf große und auffällige Skelettelemente wie Schädel und Langknochen geachtet. Ein weiterer Kritikpunkt ist die Nichteinbeziehung von natürlichen oder auch als taphonomische Prozesse bezeichneten Phänomenen, wie der natürlichen Zerfallssequenz von Höhlenbärenkadavern, die im Winterschlaf verendet sind, dem Einfluss von Aasfressern, anderer Höhlenbären und von Sedimentationsprozessen, die in Höhlen sehr komplex ablaufen. Die Kenntnis dieser Mechanismen hat in den letzten Jahren dazu geführt, dass die Befunde von »Bärenkult« aus frühen Grabungen heute sehr kritisch interpretiert werden. Das Beachten von taphonomischen Prozessen bei den neueren Grabungen hat dazu geführt, dass in der letzten Zeit keine solchen Befunde mehr beobachtet wurden. Grundsätzlich ist es jedoch nicht auszuschließen, dass die Neandertaler von den Höhlenbären durch ihre imposante Gestalt beeindruckt waren und auch ihren Überresten einen gewissen Respekt entgegenbrachten. Während früher häufig von einer regelrechten Höhlenbärenjagdkultur gesprochen wurde, geht man heute nicht mehr davon aus, dass die Höhlenbären zum Hauptjagdwild der Neandertaler zählten. Die Vergesellschaftung von mittelpaläolithischen Steinwerkzeugen und Skelettresten der Höhlenbären in Höhlenfundstellen führte zunächst automatisch zu der Annahme, dass die Tiere gejagt wurden. Tatsächlich aber wurden die Höhlen von Bären und Menschen unabhängig voneinander aufgesucht. Während die Menschen meist nur die Vorplätze und die Höhleneingänge besiedelten, zogen sich die Höhlenbären zum Winterschlaf in die hinteren tieferen Bereiche von Höhlen zurück, wo sie sich Schlafgruben gruben, dort überwinterten oder in den Wintermonaten

Die Fundstelle von Le Moustier, nach der das Moustérien benannt wurde. Aus der Fundstelle stammen die Überreste eines jugendlichen Neandertalers und eines Kleinkindes.

Die Ausgrabungssituation der Bestattung 1 aus La Ferrassie im Jahre 1909.

verendeten. Die großen Mengen von Skelettresten dieser Bären sind als Akkumulationen über z. T. Tausende von Jahren zu interpretieren. Beim gelegentlichen Vordringen in diese tieferen Regionen der Höhlen dürften sowohl die Neandertaler als auch die modernen Menschen gelegentlich auf diese Skelettreste gestoßen sein. Dabei wurden die Überreste unabsichtlich, aber in Einzelfällen auch absichtlich bewegt. Als ein Beispiel für eine solche Manipulation gilt ein Bärenschädel aus der Grotte Chauvet in Frankreich, einer jüngst entdeckten Fundstelle mit überraschend alt, d. h. um 32 000 Jahre vor heute datierter Höhlenkunst. Auf einem prominenten Felsblock in der Mitte eines großen Höhlensaales war ein Bärenschädel ohne Unterkiefer abgelegt worden. Der Oberkiefer mit den Eckzähnen ragte über den Rand des Blockes und ein weiterer Schädel lag umgekehrt neben dem Block. Da es sich bei dem Boden in der verschlossenen Höhle um eine so genannte Paläooberfläche handelt, was bedeutet, dass der Boden nicht mit Sediment bedeckt, sondern mit Sinter gewissermaßen versiegelt war, können Sedimentbewegungen als Ursache ausgeschlossen werden. Auch eine natürliche Skelettierung oder Zerfallsequenz ist äußerst unwahrscheinlich. Die plausibelste Erklärung für diesen Befund dürfte sein, dass Menschen des Jungpaläolithikums die Höhle lange nach den Höhlenbären betraten, um Malereien an den Wänden anzufertigen; dabei wurde der Schädel möglicherweise einfach aus Neugierde bewegt und auf den Felsblock gelegt. Situationen wie diese könnten auch in anderen Fällen neben natürlichen Prozessen bei der Verlagerung von Bärenschädeln und anderer Skelettreste eine Rolle gespielt haben. Die Annahme einer religiösen Verehrung der Höhlenbären durch den Neandertaler oder den anatomisch modernen Menschen ist mit solchen Befunden allerdings nicht zu belegen.

Bestattungen

Nach der Entdeckung der ersten mehr oder weniger vollständigen Skelette paläolithischer Menschen seit der Mitte des 19. Jahrhunderts wurde die Frage, ob diese Individuen absichtlich begraben, also bestattet wurden, kontrovers diskutiert. Bis in die ersten Jahrzehnte des 20. Jahrhunderts herrschte die Meinung vor, dass in diesen Fällen nicht von einem absichtlich durchgeführten Begräbnis auszugehen sei. So groß erschien der zeitliche und kulturelle Abstand zwischen den paläolithischen und heutigen Menschen. Das Begräbnis eines Verstorbenen setzt das Vorhandensein von Empfindungen wie Trauer und einen pietätvollen Umgang sowie unter Umständen auch den Glauben an eine jenseitige Welt voraus. Diese Eigenschaften wurden den paläolithischen Menschen zu dieser Zeit gänzlich abgesprochen, wobei grundsätzlich kein Unterschied zwischen Neandertalern und frühen modernen Menschen gemacht wurde. Der Umgang mit den Verstorbenen wurde als ein reines Entsorgen des Körpers gedeutet, wobei dieser einfach liegen gelassen oder an einem geeigneten Platz deponiert bzw. in einen Fluss geworfen wurde. Durch besondere Erhaltungsbedingungen und eine rasche, durch natürliche Vorgänge wie Sedimentrutsch oder Steinschlag verursachte Einbettung sollen nach damaliger Vorstellung einzelne

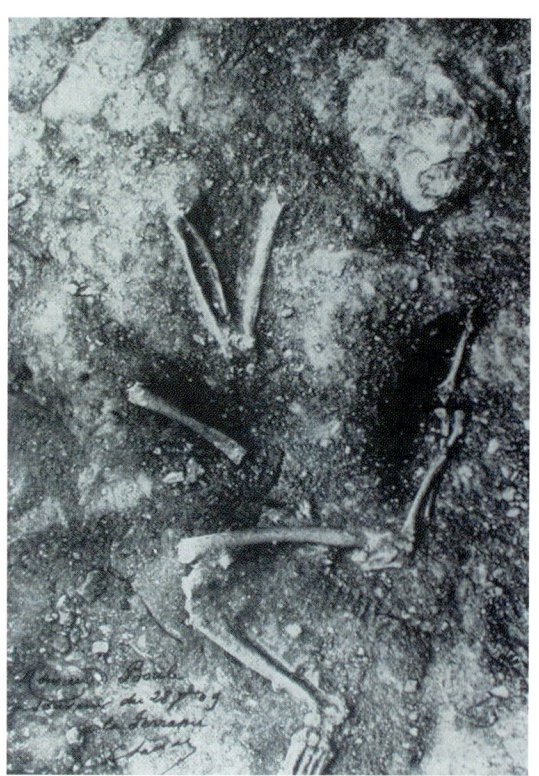

Skelette erhalten geblieben sein. Hinzu kam noch die Vorstellung, dass einzelne Individuen während des Aufenthaltes der Gruppe in einem Felsüberhang oder einer Höhle durch plötzlichen Steinschlag getötet und verschüttet wurden. Dies war zum Beispiel bei der magdalenienzeitlichen Bestattung von Laugerie Basse in der Dordogne der Fall. Die 1872 entdeckte, in Hockerstellung niedergelegte Bestattung wurde als »L'Homme écrasé«, der »erschlagene Mensch« bekannt. Auch bei der 1915 entdeckten Neandertalerbestattung von La Quina wurden natürliche Umstände für den Fund eines relativ vollständigen Skelettes verantwortlich gemacht. So sollte es sich um eine verunglückte Person handeln, die entweder von der Hochfläche abgestürzt oder im vorbeifließenden Fluss ertrunken und als Wasserleiche angeschwemmt worden sei. Durch verbesserte Grabungsmethoden und die Erkenntnis, dass diese Aussagen offenbar auf Vorurteilen beruhten, konnten diese Vorstellungen zumindest für den anatomisch modernen Menschen weitgehend revidiert werden. Die mittelpaläolithischen Bestattungen der Neandertaler blieben jedoch weiter umstritten. Durch die immer zahlreicher werdenden Funde von mehr oder weniger vollständigen Skeletten von Neandertalern setzte sich die Vorstellung immer mehr durch, dass auch die Neandertaler und nicht nur die modernen Menschen des Paläolithikums ihre Toten bestatteten. Vor allem die Funde von La Chapelle-aux-Saints aus dem Jahr 1908 und von La Ferrassie in den Jahren 1909–1921 und 1973 belegten die Existenz von Neandertalergräbern.

In jüngster Zeit wurde dies jedoch von dem amerikanischen Anthropologen Robert Gargett wiederholt angezweifelt. Gargett bezweifelt die Existenz von bewusst angelegten Gräbern bei Neandertalern. Seiner Auffassung nach sind alle Skelettreste der Neandertaler durch günstige Erhaltungsbedingungen konserviert worden. Dabei seien sterbende oder bereits tote Individuen von den Mitgliedern der Gruppe zurückgelassen worden, ohne sie zu bestatten. Die Verstorbenen seien dann durch natürliche Vorgänge eingebettet worden und ihre Skelettreste somit erhalten geblieben. Diese Auffassungen wurden erleichtert durch die Tatsache, dass eine Vielzahl der Gräber zu Beginn des 20. Jahrhunderts geborgen wurden, zu einer Zeit, als die Grabungstechnik noch nicht weit entwickelt war und das Dokumentieren der Befunde noch sehr rudimentär durchgeführt wurde. Der meist fehlende Nachweis von Grabgruben, eines der Hauptargumente Gargetts gegen eine Bestattung bei Neandertalern, dürfte auf diesen Umstand zurückzuführen sein. Auch wenn in einigen Fällen selbst mit modernen Grabungsmethoden eindeutige Grabgruben durch spezielle Sediment-

Ein Detail der Ausgrabungssituation der Neandertalerbestattung von La Chapelle-aux-Saints im Jahre 1908.

Die Fundstelle von La Ferrassie in der Dordogne, die insgesamt acht Neandertalerbestattungen und eine umfangreiche Abfolge archäologischer Schichten erbracht hat.

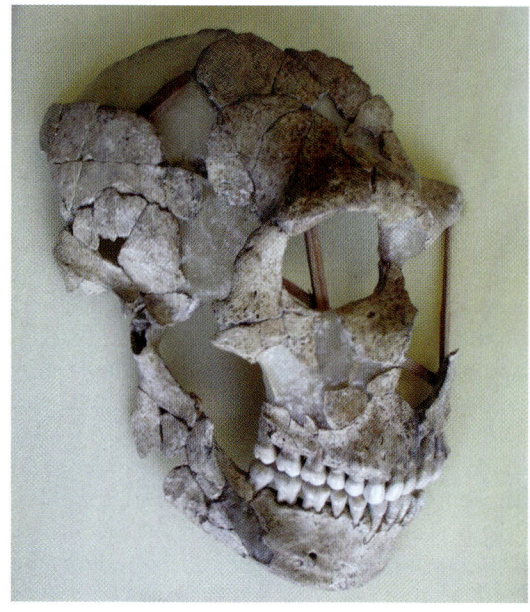

Schädelrest des späten Neandertalers aus den Chatelperronien-Schichten der Fundstelle Roche à Pierrot bei Saint Césaire.

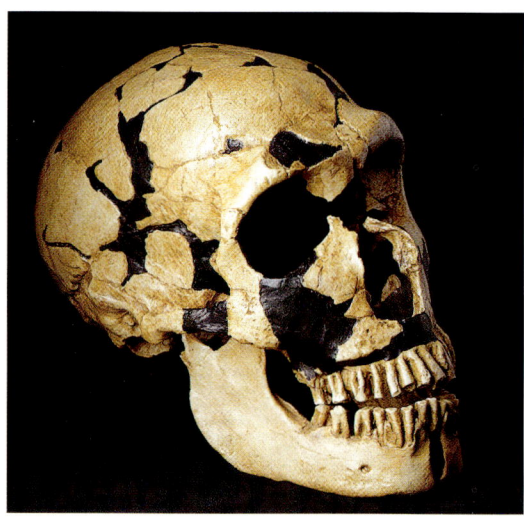

Der rekonstruierte Schädel von La Ferrassie 1, einem männlichen Neandertaler.

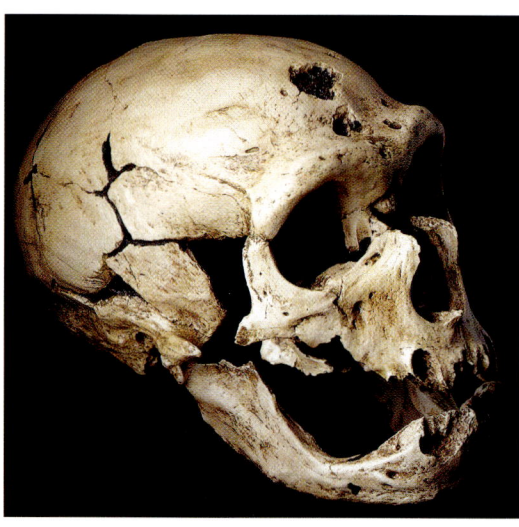

Der Schädel der Bestattung von La Chapelle-aux-Saints in seiner alten, mittlerweile korrigierten Zusammensetzung.

verhältnisse oder Störungen nicht nachweisbar sind, wie bei der 1979 entdeckten Bestattung von St. Césaire, zeigt vor allem die gute Erhaltung der Skelette, dass es sich um Gräber gehandelt haben muss. Nicht nur der Grad der Knochenerhaltung, sondern auch die Tatsache, dass die Skelettreste im anatomischen Zusammenhang liegen, deuten klar auf die Anlage einer Grabgrube hin. Wenn der Körper einfach auf der Bodenoberfläche des Felsüberhanges niedergelegt worden wäre, sind keine anatomischen Zusammenhänge zu erwarten. Die normalen Zersetzungsvorgänge und die sicherlich sehr schnell nach dem Abzug der Menschengruppe eintreffenden Aasfresser hätten den menschlichen Leichnam innerhalb kürzester Zeit vollständig aufgearbeitet, so dass im günstigsten Fall nur wenige Knochenfragmente in den Boden gelangt wären und die Jahrtausende überdauert hätten. Tatsächlich dürften viele der heute als isolierte Knochenfragmente erscheinenden Überreste von Neandertalern auf solche Vorgänge oder auf zerstörte Gräber zurückzuführen sein.

Es erscheint mehr als unwahrscheinlich, dass in Fundstellen wie La Ferrassie, wo acht Bestattungen von Neandertalern entdeckt wurden, darunter vier Kinder und Neugeborene und sogar ein Fötus, ihre teilweise fragilen Skelettreste nur durch zufällige natürliche Sedimentation konserviert wurden. Das Gleiche trifft auch auf die Fundstelle von Shanidar im Nordirak zu, in der neun Neandertaler entdeckt wurden. Weitere Kinderskelette, die zum Teil nur ein geringes Lebensalter von wenigen Monaten oder Jahren erreicht haben, wie die neuen Funde aus Dederiyeh in Syrien, zeigen, dass Kinder wie Erwachsene gleichermaßen behandelt wurden. Immerhin machen die Kinderbestattungen ca. 40 % der gesamten Anzahl mittelpaläolithischer Bestattungen aus. Im Jungpaläolithikum sind es nur 27 %.

Während heute die meisten Wissenschaftler davon ausgehen, dass die Neandertaler, zumindest einige, ihre Toten bestatteten, ist es nach wie vor weitgehend ungeklärt, welche Rituale dabei abgehalten wurden, oder ob bei Neandertalern von einer Jenseitsvorstellung ausgegangen werden kann. Die Bestattungen selbst geben darüber nur bedingt Auskunft. Die Anlage der Gräber zeigt wenige Gemeinsamkeiten; so variieren die Orientierung, die Lage der Toten im Grab und ihre Ausstattung sehr stark. Die Körper wurden meist in angehockter Beinstellung in Seiten- oder Rückenlage niedergelegt. Dabei wurde eine sehr variable Ost-West Achsen-Orientierung bevorzugt. Gestreckte Totenhaltungen oder eine Orientierung in der Nord-Süd Achse wurden bislang nicht dokumentiert. Eine weitere Gemeinsamkeit ist die Tatsache, dass alle bekannten Bestattungen von Neandertalern ausschließlich in Höhlen oder Abris (Felsschutzdächern) vorkommen. Bislang ist im Gegensatz zu den späteren Bestattungen des jungpaläolithischen Gravettien kein einziger Fall einer Bestattung in einer so genannten Freilandstation bekannt. Das Vorkommen von Bestattungen der Neandertaler beschränkt sich im Wesentlichen auf zwei Regionen. Zum einen Frankreich und hier vor allem die im Südwesten gelegene Dordogne (z.B. La Ferrassie, La Chapelle-aux-Saints, Le Moustier und Regourdou) und zum anderen der Nahe Osten, hier vor allem Israel (Tabun, Kebara, Amud) und der Nordirak mit der Fundstelle Shanidar. Vereinzelte Gräber finden sich in der Ukraine, auf der Krim (Kiik Koba) und in Usbekistan (Teshik Tash). In dem ansonsten an mittelpaläolithischen Funden reichen Gebiet Mitteleuropas sind zwar Neandertalerreste in Form von einzelnen Skelettresten belegt, in keinem einzigen Fall konnte jedoch eine Bestattung nachgewiesen werden. Vielleicht war das 1856 im Neandertal entdeckte Skelett in der Feldhofer Grotte bestattet worden. Durch die Fundumstände liegen keine genauen Informationen zur Lage des Skelettes vor. Die Beschädigungen an den Skelettresten, die durch die Werkzeuge der Steinbrucharbeiter entstanden sind (siehe S.10), legen jedoch den Schluss nahe, dass sich das Skelett im anatomischen Verband befunden hat und somit als Bestattung angesehen werden kann.

Beigaben und Hinweise auf Totenrituale

Die Ausstattung der Toten scheint recht spärlich gewesen zu sein. Letzteres ist jedoch unter Umständen auch auf die Bergungs- und Grabungsmethoden der meist aus älteren Grabungen stammenden Bestattungen zurückzuführen. In der Regel ist es heute anhand der spärlichen Aufzeichnungen und der Grabungsmethoden kaum noch möglich, bestimmte Objekte wie Tierknochen oder Steinwerkzeuge als Beigaben einer Neandertalerbestattung anzusprechen. In den meisten Fällen kann, obwohl häufig bestimmte Objekte oder sogar Konzentrationen in unmittelbarer Nähe zu den Bestattungen erwähnt werden, nicht ausgeschlossen werden, dass es sich um Beimischungen aus den Siedlungsschichten handelt, die zufällig beim Anlegen der Grabgrube oder beim Verfüllen in das Grab gelangt sind. Eine Ausnahme scheint die Bestattung des chatelperronienzeitlichen Neandertalers von St. Césaire zu sein, der obwohl durch ungünstige Erhaltungsbedingungen in Mitleidenschaft gezogen, einige

aus Muscheln hergestellte Perlen als Beigabe erhalten hat. Dabei könnte zum einen die Tatsache eine Rolle spielen, dass es sich um einen mit der C14-Methode auf ca. 35000 vor heute datierten, späten Neandertaler handelt und zum anderen, dass hier moderne Grabungsmethoden in Form einer Blockbergung und einer anschließenden vorsichtigen Freilegung im Labor zum Einsatz kamen. Kleine Objekte dieser Art wären bei frühen Grabungen zum Anfang des 20. Jahrhunderts wahrscheinlich kaum bemerkt worden.

Dies trifft vor allem auf einen herausragenden, wenn auch umstrittenen Befund bei der Neandertalerbestattung IV von Shanidar im Nordirak zu. Die Fundstelle stellt den südöstlichsten Fund von Neandertalern innerhalb ihres bislang gesicherten

Die kleine Höhle Bouffia Bonneval bei La Chapelle-aux-Saints. Der Tote war in einer Grabgrube unmittelbar hinter dem Höhleneingang niedergelegt worden.

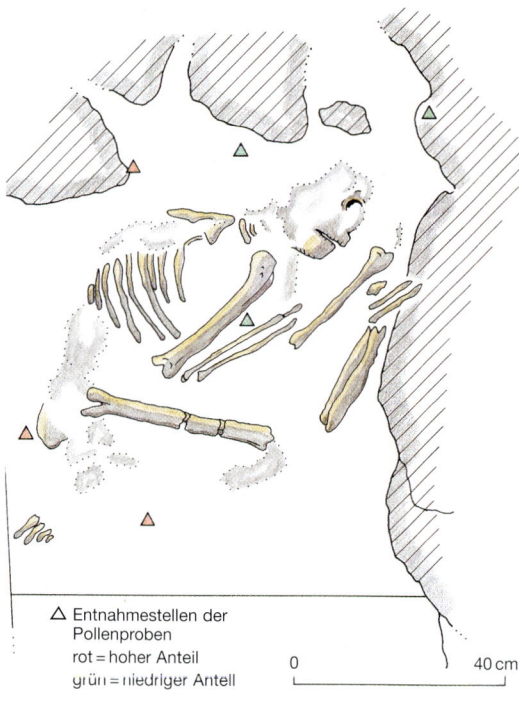

Die Bestattung Shanidar IV, das »Blumengrab«. Die Dreiecke bezeichnen die Stellen der Probenentnahme zur Pollenanalyse (rot = hohe Konzentration von Blütenpollen, grün = geringe oder keine Konzentration von Blütenpollen).

△ Entnahmestellen der Pollenproben
rot = hoher Anteil
grün = niedriger Anteil
0   40 cm

Die persische Wüstenmaus *(Meriones persicus)*. Wahrscheinlich sind diese Nager für die Pollenakkumulation in Grab IV von Shanidar verantwortlich.

Verbreitungsgebietes dar. Bei den Grabungen in der Höhle, die in vier Kampagnen 1951, 1953, 1957 und 1960 von Ralph Solecki, einem amerikanischen Archäologen durchgeführt wurden, wurden insgesamt neun Neandertaler entdeckt. Dabei handelte es sich um sieben Erwachsene und zwei Kinder, darunter ein nur neun Monate alter Säugling. Neben der Tatsache, dass so zahlreiche Bestattungen entdeckt wurden, rief vor allem der Befund des Individuums IV großes Aufsehen hervor. Bei der Analyse der an verschiedenen Stellen um den Körper entnommenen Bodenproben wurden zahlreiche Pollenfunde registriert. Die Pollen waren bei einigen Proben so zahlreich, dass sie in der Menge deutlich von anderen Proben des Höhlensedimentes abwichen. Die Bearbeiterin Arlette Leroi-Gourhan interpretierte dies als Beleg für eine Streuung aus Blüten, auf die der Körper des verstorbenen Neandertalers sorgfältig in Hockerstellung niedergelegt wurde. Der Befund erregte großes Aufsehen und wird bis heute als ein Beleg für die Fähigkeit des Neandertalers angesehen, emotional zu handeln und seine Trauer um den Tod eines Menschen entsprechend auszudrücken. Die Popularität des Befundes geht zum einen auf die Tatsache zurück, dass der Ausgräber Solecki sein populärwissenschaftliches Buch über die Grabungen in Shanidar, dem Zeitgeist des Erscheinungsjahres 1971 entsprechend mit »The first flower people« betitelte und zum anderen, dass die Geste, Blumen bei Beerdigungen zu verwenden in vielen Kulturen universell ist. Kritiker dieses Befundes wandten ein, dass zum einen viel zu wenige Proben entnommen wurden und zum anderen, dass die Konzentration auch durch natürliche Phänomene wie Wind zustande gekommen sein kann. Vor allem der Vergleich mit anderen Bereichen der Höhle wird in der Tat durch die geringe Anzahl der Proben erschwert. So wurden im Bereich des Skelettes insgesamt nur sechs Proben entnommen. Davon wiesen drei eine außergewöhnlich hohe Pollenkonzentration auf. Interessanterweise liegt nur eine der Proben unmittelbar im Bereich des Skelettes am Becken. Die übrigen beiden Proben liegen z. T. bis zu 20 cm entfernt hinter dem Rücken und dem Unterschenkel, während eine Probenentnahme zwischen dem rechten Ober- und Unterarm keine auffällige Konzentration erbrachte. Demnach kann nicht von einer flächigen Blütenstreuung ausgegangen werden. Falls es sich nicht nur um punktuelle Konzentrationen gehandelt hat, kann nur von einer Blütenstreuung in der unteren Körperhälfte gesprochen werden. Andere Wissenschaftler sehen den gesamten Befund als überinterpretiert an und halten natürliche Faktoren für ausschlaggebend. Dies hat in jüngster Zeit durch die Untersuchungen von Jeffrey Sommer Unterstützung erhalten. Bereits bei der Ausgrabung konnte festgestellt werden, dass nicht nur generell in den Fundschichten, sondern vor allem in der unmittelbaren Umgebung der Bestattungen sich die Bauten und Gänge von Nagern häuften. Bei der Untersuchung der Skelettreste dieser Tierarten, der so genannten Mikrofauna, stellte sich heraus, dass es sich vor allem um die Art *Meriones persicus* handelte, die in Shanidar mit über 70 %

sehr zahlreich vertreten war. In den frühen siebziger Jahren stellte der Archäozoologe Richard Redding fest, dass eine dieser *Meriones* Arten, *Meriones crassus* noch heute in der Region lebt und in seinen Bauten große Mengen von Blüten zur Polsterung sammelt. Die Anzahl der Blüten in diesen Bauten war so hoch, dass auf diese Art und Weise die hohen Konzentrationen von Pollen im Bereich der Bestattung Shanidar IV erklärt werden könnten. Demnach erscheint es heute fraglicher denn je, ob es sich bei diesem eindrucksvollen und bedeutenden Befund von Shandidar IV wirklich um den Beleg für emotionale Handlungen beim Neandertaler handelt, oder ob zufällige natürliche Faktoren hierfür verantwortlich sind.

Einen weiteren herausragenden Befund stellt die Bestattung des 8–10 Jahre alten Kindes von Teshik Tash in Usbekistan dar, das bei Grabungen des russischen Archäologen A.P. Okladnikoff im Jahre 1938 entdeckt wurde. Es handelt sich bei diesem Fund um den östlichsten Vertreter der Neandertaler in ihrem Verbreitungsgebiet. Die

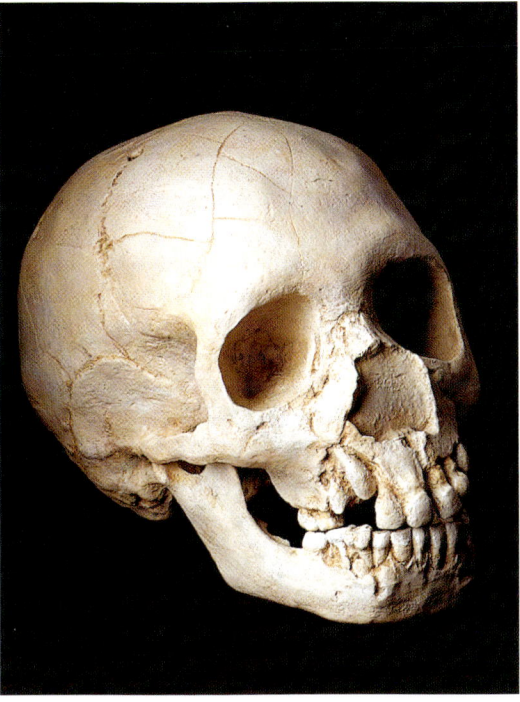

Der aus vielen Fragmenten zusammengesetzte Schädel der Bestattung des ca. 8 jährigen Neandertalerkindes von Teshik Tash.

In der syrischen Fundstelle von Dederiyeh wurden mittlerweile zwei Bestattungen von Neandertalerkindern entdeckt.

Kinderbestattung soll innerhalb einer kreisartigen Struktur aus in den Boden gesteckten Hörnerpaaren der Bergziege und Kalksteinblöcken niedergelegt worden sein. Während die Knochen des Körperskelettes stark dezimiert und beschädigt waren, konnte der Schädel weitgehend zusammengesetzt werden. Die Interpretation des Befundes als Bestattung mit einem Grabbau wird von verschiedenen Wissenschaftlern abgelehnt, da der Befund nicht gut dokumentiert ist und einige Anzeichen für eine massive Störung des Befundes sprechen. Die Lage der Skelettreste ohne anatomischen Verband, sowie die starke Beschädigung der Knochen an den Gelenkenden, deuten auf den Einfluss von Karnivoren (Fleischfressern) hin. Auch der Befund der den Körper umgebenden Ziegenhörner ist nicht eindeutig, da es sich hierbei um die am häufigsten im Fundmaterial der Fundstelle vertretene Tierart handelt. Ziegenhörner kamen zwar auch an anderen Stellen der Höhle gelegentlich vor, finden sich aber im Bereich der Bestattung gehäuft, so dass durchaus die Möglichkeit einer absichtlichen Anordnung besteht. Bedauerlicherweise ist dieser einzigartige Befund

In situ-Befund der ohne Schädel aufgefundenen Neandertalerbestattung von Kebara in Israel.

nicht eindeutig genug, um ihn ohne Zweifel akzeptieren zu können.

Ein weiterer bemerkenswerter Befund liegt mit der 1983 entdeckten Bestattung eines männlichen Neandertalers von Kebara in Israel vor. Besondere Bedeutung erlangte dieser Fund nicht nur durch seine außergewöhnlich gute Erhaltung des Rumpfskelettes, sondern mit dem ersten erhaltenen Zungenbein eines Neandertalers (siehe S. 48). Während der Unterkiefer und selbst das fragile Zungenbein erhalten waren, fehlte der komplette Schädel, lediglich der rechte Weisheitszahn des Oberkiefers wurde entdeckt. Es gilt als mehr als unwahrscheinlich, dass schlechte Erhaltungsbedingungen zum vollständigen Verschwinden des ansonsten in vielen Bereichen massiven Schädels geführt haben. Es wurde daher vermutet, dass der Schädel einige Zeit nach der Grablegung entfernt wurde. Dabei muss eine entsprechend lange Zeit zwischen der Beerdigung und der erneuten Grablegung vergangen sein, da der Unterkiefer in der richtigen anatomischen Position lag und weder verlagert war noch Manipulationsspuren aufweist, die auf eine gewaltsame Abtrennung vom Kopf schließen lassen. Aus diesem Grund wird davon ausgegangen, dass die Entnahme des Kopfes für die Neandertaler eine bestimmte Bedeutung gehabt haben muss. Möglicherweise lassen sich hier Belege für eine komplexe Totenbehandlung und eine mehrstufige Bestattung nachweisen, bei der der Schädel des Verstorbenen eine wesentliche Rolle spielte.

Trotz einiger zweifelhafter Befunde und mancher in Einzelfällen durchaus begründeten Einwände gilt es heute dennoch als gesichert, dass die Neandertaler zumindest einige ihrer Toten beerdigten. Diese Begräbnisse ähneln denjenigen späterer Zeiten in vielen Aspekten. Dennoch bleiben einige Fragen weiter ungeklärt. Die Anzahl der in Westeuropa und im Nahen Osten bekannten Bestattungen beläuft sich auf 35, wobei die ältesten Belege mit der Bestattung aus Tabun, Israel bei ca. 100 000 Jahren und die jüngsten mit dem Fund von St. Césaire bei 35 000 vor heute liegen. Die Existenz von wenigen Körpergräbern aus dem gesamten Verbreitungsgebiet der Neandertaler und über einen so langen Zeitraum wirft die Frage auf, was mit den übrigen zahllosen Verstorbenen geschah? Wurden bei ihnen andere Bestattungsformen angewendet oder Plätze gewählt, die bislang noch nicht nachgewiesen werden konnten? Manche Archäologen vermuten auch, dass diese Individuen einfach nicht bestattet wurden. Es ist eine auffällige Tatsache, dass die Bestattungen von Neandertalern vor allem in Höhlen Frankreichs und

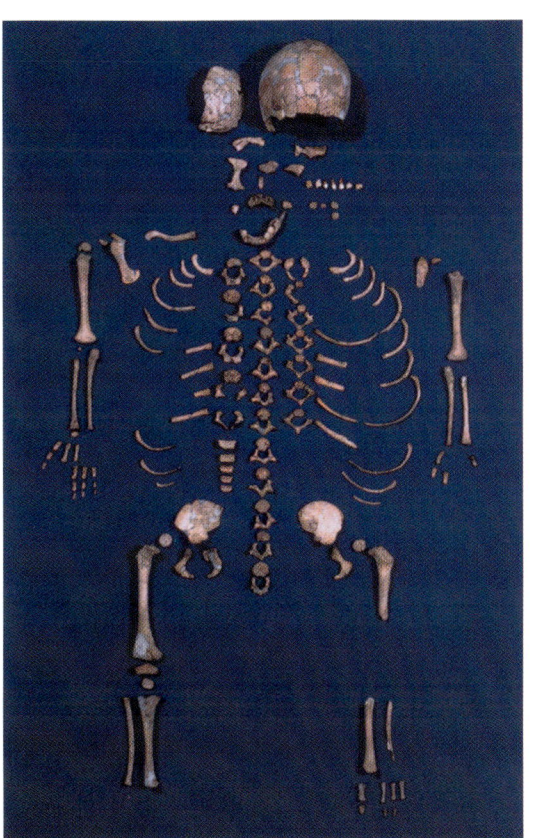

Die bemerkenswert vollständigen Skelettreste eines der beiden ca. 2 jährigen Neandertalerkinder von Dederiyeh.

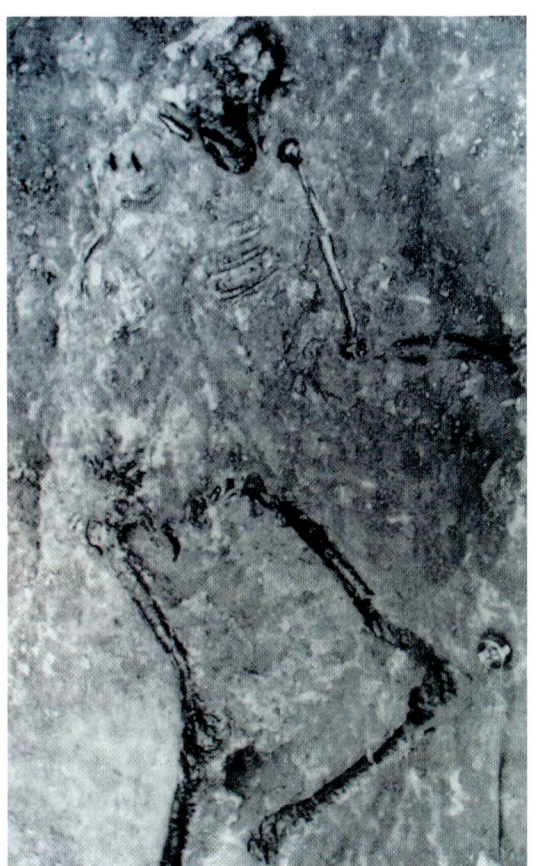

Die Ausgrabungssituation der Bestattung einer Neandertalerfrau von Tabun in Israel. Nach den Datierungen handelt es sich um die älteste Bestattung eines Neandertalers überhaupt.

Die in vielen Publikationen gezeigte Darstellung der angeblichen Fundsituation des Schädels von Monte Circeo lässt sich heute durch moderne Untersuchungen am Schädel widerlegen.

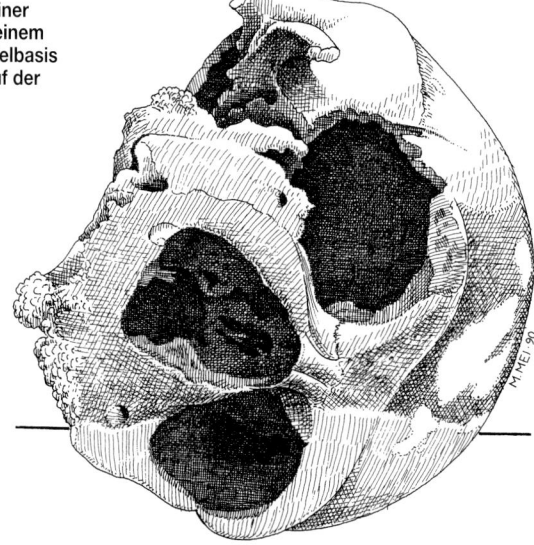

Der Schädel lag bei seiner Auffindung nicht auf seinem Scheitel mit der Schädelbasis nach oben, sondern auf der linken Seite.

dem Nahen Osten vorkommen. Dies könnte der Niederschlag von bestimmten Erhaltungsbedingungen sein, die in diesen Regionen vorherrschen. Die geschützte Situation in Höhlen bietet gegenüber Begräbnissen in der offenen Landschaft bessere Erhaltungsbedingungen. In vielen Fällen liegen die Skelettreste von Neandertalern nur als isolierte Skelettelemente oder Fragmente innerhalb der Besiedlungsschichten vor. Handelt es sich bei diesen Individuen um nicht bestattete Personen oder um solche, deren Gräber durch Erosion oder Aasfresser gestört wurden? Vor allem zu früheren Zeiten vermutete man generell beim Auftreten von menschlichen Überresten in Siedlungsschichten, dass Kannibalen am Werk gewesen seien (siehe unten). Zieht man Parallelen zu Bestattungsritualen in der Ethnografie, so stellt man fest, dass einige sehr komplexe Bestattungsbräuche nur einen sehr geringen bis gar keinen archäologischen Fund darstellen würden. Lediglich das einfache Begraben des Verstorbenen lässt sich zu verschiedenen Zeiten gut nachweisen, weichen die Bestattungssitten in dieser Hinsicht ab und beinhalten komplexe Vorgänge, wird es meist schwierig, zu diesem Thema Aussagen zu machen. Dies trifft auch auf spätere Zeiten zu. Demnach wäre es durchaus möglich, wenn auch nicht eindeutig beweisbar, dass die Neandertaler neben der Körperbestattung auch andere komplizierte Bestattungsformen praktizierten, die archäologisch noch nicht erkannt wurden. Dazu zählt z. B. die mehrstufige Bestattung, bei der die Skelettreste vollständig oder teilweise exhumiert oder eingesammelt werden, um an einer anderen Stelle deponiert zu werden. Daneben sind auch Bestattungen unter freiem Himmel oder in Flüssen ethnografisch belegt und wären theoretisch auch bei Neandertalern vorstellbar. Vor allem in diesen Fällen ist ein archäologischer Nachweis nahezu unmöglich.

Die Bestattungen von Neandertalern aus Südwestfrankreich und Israel datieren bis auf wenige Ausnahmen in das frühe Würm-Glazial (ca. 120 000–60 000 Jahre vor heute). Wie der englische Archäologe Clive Gamble in seinen Untersuchungen festgestellt hat, liegen aus der entsprechenden Zeit aus den Höhlenfundstellen, die von den Neandertalern genutzt wurden, nur wenige Tierknochen von Karnivoren (Fleischfressern) vor. Dies ist in Mitteleuropa und in Südosteuropa, wo in zahlreichen Fundstellen fragmentarische Reste von Neandertalern entdeckt wurden, völlig anders. Vor allem die Überreste von Hyänen und Bären sind in den Höhlen nicht nur in großer Zahl vorhanden, sondern ihre Anzahl dominiert in einigen Fällen sogar die Inventare. Es besteht eine gewisse Wahrscheinlichkeit, dass die in diesen Regionen nur fragmentarisch vorliegenden Neandertalerreste das Resultat einer Störung durch diese Aas fressenden Tiere sind. Neben den Hyänen, die als Aasfresser bekannt sind und die, wie moderne Beobachtungen zeigen, auch menschliche Bestattungen wieder ausgraben, dürften es vor allem die Höhlenbären sein, die viele Neandertalerbestattungen zerstört haben. Durch das Graben der Schlafkuhlen für den Winterschlaf könnten die Bestatteten teilweise an die Oberfläche gebracht und somit dem Zerfall preisgegeben worden sein. Der Vergleich der erhaltenen Skelettelemente bei vollständigen Bestattungen und den

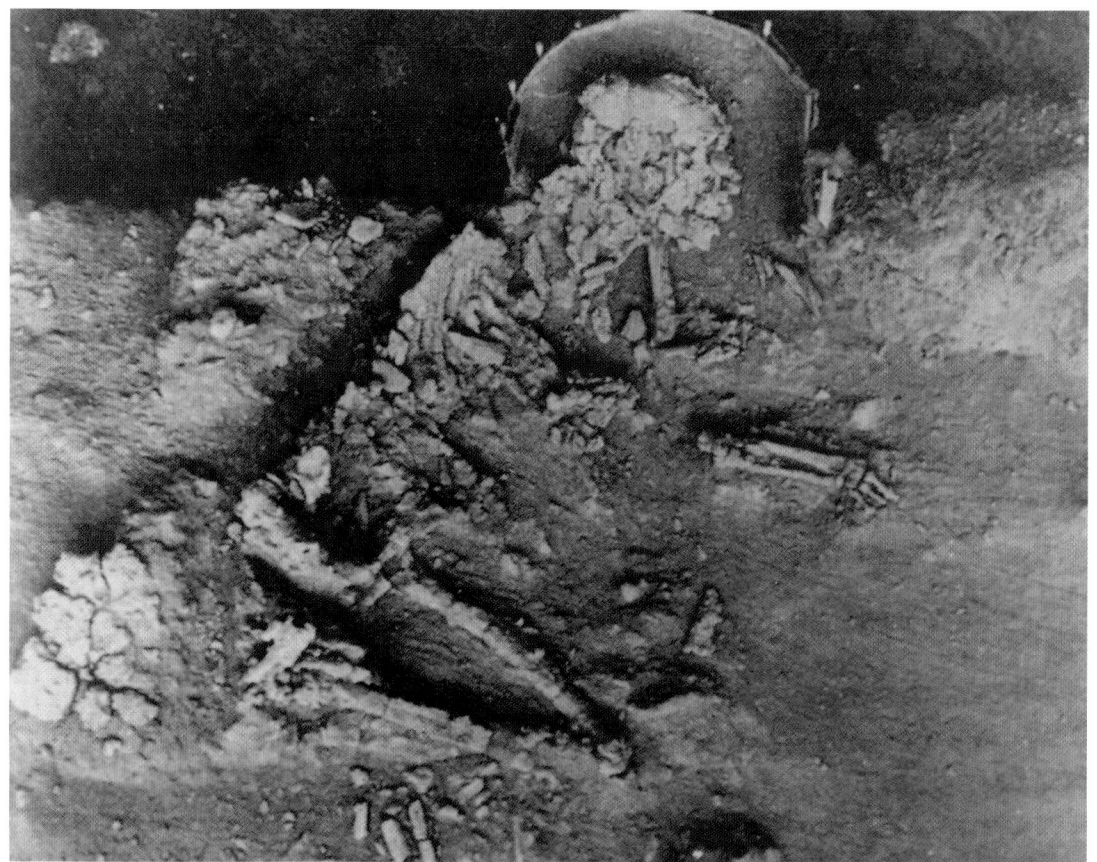

In situ-Befund der stark fragmentierten Bestattung eines Neandertalers aus der Fundstelle Amud in Israel.

nur isoliert erhaltenen Neandertalerresten zeigt deutlich, dass bei letzteren nur die massiveren Knochen des Schädels oder sehr kleine Knochen in großer Anzahl erhalten bleiben.

Eine interessante Frage ist, welche religiösen Vorstellungen aus der Existenz von Neandertalerbegräbnissen abgeleitet werden können. Bieten diese Gräber die Möglichkeit, etwas über das Vorhandensein einer Jenseitsvorstellung auszusagen? Hier sind unsere Annahmen eindeutig begrenzt, wenn es darum geht, die Bedeutung der Gräber für die Neandertaler zu analysieren. Viele Archäologen werten die Tatsache, dass die Gräber kaum Beigaben aufweisen, als ein Zeichen dafür, dass die Verstorbenen nicht für ein Leben nach dem Tod ausgestattet wurden und somit auch keine Jenseitsvorstellung existierte. Dies wird meist im Gegensatz zu den einige zehntausend Jahre später anzusetzenden Bestattungen aus dem Gravettien, dem mittleren Jungpaläolithikum gesehen. Da diese Gräber vor allem in Ligurien, Tschechien und Russland zum Teil reiche Beigaben und Schmuck aufweisen, wird für sie davon ausgegangen, dass eine Jenseitsvorstellung existierte. Da wir jedoch über keinerlei Informationen von den Glaubensvorstellungen weder der Neandertaler noch der frühen anatomisch modernen Menschen verfügen, ist es kaum möglich, beides in Relation zueinander zu setzen. Dennoch gehen viele Archäologen davon aus, dass grundsätzlich ein Unterschied zwischen den Gräbern von Neandertalern und anatomisch modernen Menschen besteht. So soll es sich bei den Bestattungen der Neandertaler lediglich um eine, wenn auch pietätvolle, Entsorgung der Verstorbenen handeln. Dies erscheint jedoch wenig glaubhaft, wenn man sich vergegenwärtigt, dass zum Teil tiefe Grabgruben ausgehoben werden mussten, die in einigen belegten Fällen wie in La Chapelle-aux-Saints und in Kiik-Kooba auf der Krim sehr regelmäßig ausgeführt waren. Da das Anlegen der Grabgruben sicherlich einen nicht unbeträchtlichen Aufwand darstellt, erscheint es unwahrscheinlich, dass es sich hier um eine einfache Entsorgung eines Körpers handelt, da man diesen ebenso gut beim Weiterziehen am Lagerplatz den Aas fressenden Tieren hätte überlassen können. Daher ist es durchaus gerechtfertigt, den Neandertalerbestattungen eine gewisse Bedeutung zuzurechnen, es ist jedoch aus unserer heutigen Perspektive kaum möglich, ihre wirkliche Bedeutung für die Menschen dieser Zeit zu rekonstruieren.

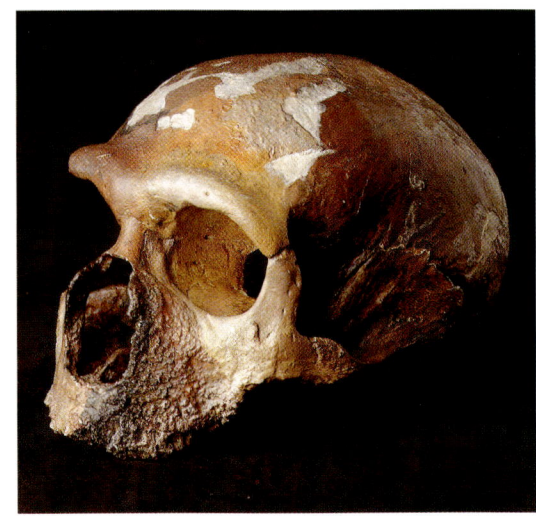

Der Neandertalerschädel aus der Grotta Guattari im Monte Circeo in Italien. Die Beschädigungen der rechten Schädelseite und an der Schädelbasis wurden nicht durch Kannibalismus, sondern durch Hyänen verursacht.

Die 1899–1905 ausgegrabene Fundstelle von Krapina in Kroatien mit frühen Rekonstruktionen von Neandertalern aus Bronze.

Waren die Neandertaler Kannibalen?

Seit über 100 Jahren wird vermutet, dass Neandertaler kannibalische Praktiken ausübten. Während zunächst davon ausgegangen wurde, dass hierfür ihre Primitivität und Brutalität verantwortlich waren, konzentrierten sich spätere Interpretationen zum einen auf den Aspekt des Notkannibalismus, ausgelöst durch Extremsituationen, in denen keine Nahrung zu beschaffen war, zum anderen auf rituelle Aspekte. Vor allem betonte man jedoch, dass ein Kannibalismus, falls er von den Neandertalern praktiziert wurde, keinen Hinweis auf ihre angebliche Primitivität und Rohheit gebe. Vielmehr soll die Annahme eines rituellen Kannibalismus, der auch bei den frühen anatomisch modernen Menschen vermutet wird, einen Hinweis auf die Fähigkeit zum abstrakten Denken und Handeln geben.

Der im Jahre 1939 in der Grotta Guattari im Monte Circeo in der Nähe von Rom entdeckte Schädel eines Neandertalers wird einerseits auch in Zusammenhang mit einer speziellen Totenbehandlung gebracht, andererseits aber auch als Hinweis auf Kopfjagd und sogar Kannibalismus angesehen. Bei seiner Auffindung in der durch Zufall entdeckten Höhle, soll der Schädel mit der Basis nach oben innerhalb eines Steinkreises gelegen haben. Dies wurde als eine absichtliche Deponierung angesehen. Der Schädel wies an der Basis und auf der rechten Seite Beschädigungen auf, die als Resultat eines tödlichen Schlages und einer anschließenden Abtrennung des Kopfes und der Öffnung der Schädelbasis zum Zweck der Gehirnentnahme interpretiert wurden. Der Fund von Monte Circeo galt daher lange Zeit als Beleg für Kannibalismus und einer anschließenden rituellen Deponierung. Durch eine Neuuntersuchung des Fundes zu Beginn der neunziger Jahre konnte durch Analyse von Sedimentresten festgestellt werden, dass der Schädel nicht mit der Basis nach oben gelegen haben kann, sondern mit der beschädigten rechten Seite nach oben auf der linken Seite gelegen haben musste. Die Existenz eines Steinkreises konnte ebenfalls widerlegt werden, da der Boden der Höhle mit Steinen flächig bedeckt ist. Die Analyse der Tierknochen aus der Fundstelle ergab eindeutig, dass diese Ansammlung durch die Aktivitäten der Tüpfelhyäne entstanden ist. Bei der Fundstelle handelt es sich um ein Hyänennest, in dem der Nachwuchs großgezogen wurde und in den die Hyänen ihre Beute schleppten. Die Anwesenheit der Hyänen in der Höhle und ihre Rolle bei der Akkumulation der Skelettreste wird durch Verbissspuren, Skelettreste der Hyänen selbst und ihre versteinerten Kotreste belegt. Durch die Hyänen sind demnach auch der Neandertalerschädel und die beiden ebenfalls entdeckten Unterkiefer in die Fundstelle gelangt. Ob die menschlichen Individuen durch die Hyänen getötet wurden oder ob es sich, wie dies auch rezent beobachtet wurde, um ausgegrabene Körper Verstorbener handelt, kann nicht belegt werden. Die Beschädigungen an den Neandertalerresten sind ebenso wie bei den Tierknochen als Resultat von Verbissspuren der Hyänen zu identifizieren. Spuren von menschlichen Aktivitäten in Form von Schlag- oder Schnittspuren lassen sich dagegen nicht feststellen.

Der bekannteste Fundkomplex, der mit Kannibalismus bei den Neandertalern in Verbindung gebracht wird, ist die Fundstelle Krapina in Kroatien, ca. 40 km von der Hauptstadt Zagreb entfernt. Die Fundstelle, ein ehemaliger, eingestürzter Felsüberhang aus Sandstein, wurde von 1899 bis 1905 von dem Paläontologen Dragutin Gorjanovic-Kramberger ausgegraben. Dabei fand er in insgesamt neun Schichten Tierknochen,

Steinwerkzeuge und menschliche Skelettreste. Die überwiegende Anzahl der Menschenreste, die nach einer damaligen gebräuchlichen Benennung dem *Homo primigenius*, dem Neandertaler zugeschrieben wurden, fand sich in den Schichten 3 und 4 unmittelbar unterhalb eines großen Felssturzes. Nach einer neuen Zählung wurden insgesamt 884 Fragmente menschlicher Skelettreste geborgen, die zu mindestens 20–30 Individuen gehören. Diese Fragmente fanden sich verstreut in den Schichten, vermischt mit Steinwerkzeugen und Tierknochen. Einige wenige der Reste (ca. 7 %) wiesen leichte Brandspuren auf. Als bei den Untersuchungen auch Schnittspuren entdeckt wurden, stand zunächst eindeutig fest, dass es sich hierbei um einen Fall von Kannibalismus gehandelt haben muss. Während einige Wissenschaftler die Theorie vertraten, die Neandertaler hätten sich gegenseitig verzehrt, vertraten andere die These, hier den Beleg für einen direkten Konflikt von Neandertalern und modernen Menschen vor sich zu haben. Zumindest Letzteres konnte durch die modernen Datierungen, die die Fundstelle auf ca. 130 000 Jahre vor heute einordnen, widerlegt werden. Anatomisch moderne Menschen sind in Europa erst ca. 100 000 Jahre später nachgewiesen. Neben der Fundsituation war es vor allem der Zustand der Menschenreste, der die Fantasie anregte und zu dem Szenario einer Kannibalenmahlzeit führte. Spätere Analysen ließen jedoch Zweifel an dieser Theorie laut werden. So konnte der amerikanische Paläoanthropologe Erik Trinkaus belegen, dass sich die Neandertalerreste von Krapina bezüglich der vorhandenen Skelettreste gut mit eindeutig bestatteten Funden vergleichen ließen. Die amerikanische Anthropologin Mary Russell verglich die Häufigkeit und Verteilung der Schnittspuren auf den Menschenresten mit denen von indianischen Sekundärbestattungen und fand deutliche Übereinstimmungen. Demnach könnte es sich bei dem Fund der Neandertaler von Krapina um das Resultat von komplexen Bestattungspraktiken handeln. Allerdings sind die Meinungen bis heute nicht verstummt, die von einem Kannibalismus bei Neandertalern ausgehen. Dieses Problem wird jedoch anhand der Fundstelle von Krapina, bei der es sich schließlich um eine zu Beginn des letzten Jahrhunderts gegrabene Fundstelle handelt, möglicherweise nicht zu lösen sein.

Dagegen könnte die in Südfrankreich unmittelbar am Ufer oberhalb der Rhone gelegene Höhle von Moula-Guercy, in der seit den neunziger Jahren Ausgrabungen stattfinden, eine Antwort auf die Frage geben, ob die Neandertaler Kannibalen waren. Bei der Durchführung dieser modernen archäologischen Untersuchung durch den französischen Archäologen Alban Defleur kamen insgesamt 78 Fragmente von Skelettresten der Neandertaler zum Vorschein. Nach einem ersten Vorbericht können diese mindestens sechs Individuen, zwei Erwachsenen, zwei Jugendlichen zwischen 15 und 16 Jahren und zwei Kindern zwischen 6 und 7 Jahren zugerechnet werden. Alle Menschenreste wurden in der Schicht XV entdeckt, die aufgrund des Auftretens bestimmter Tierarten in eine Zeit zwischen 100 000 und 120 000 Jahren vor heute zu datieren ist. Neben weiteren Tierarten ist der Rothirsch mit 39 % die am häufigsten vertretene Tierart. Die Menschen- und Tierknochen sind stark fragmentiert, aber in der Substanz gut erhalten. Beim Menschen liegen vollständige Skelettelemente nur bei kleinen Knochen, wie Hand- oder Fußknochen vor. Die Menschen- und Tierknochen weisen Schnittspuren und Schlagspuren auf, wie sie bei einer gezielten Zerlegung, Entfleischung und anschließender Knochenzerschlagung zur Markgewinnung entstehen. Da diese normalerweise nur bei Tierknochen anzutreffenden Zerlegungsspuren auch bei den Skelettresten der Neandertaler auftraten, gehen Alban Defleur und seine Mitarbeiter davon aus, dass es sich hier um den ersten gut belegbaren Fall von Kannibalismus bei Neandertalern handelt. Die vollständige Bearbeitung der Menschen- und Tierreste ist jedoch noch nicht abgeschlossen, so dass ein endgültiges Ergebnis zur Interpretation des Befundes noch nicht vorliegt.

Die fragmentierten menschlichen Überreste aus Krapina, die häufig als Beleg für Kannibalismus bei Neandertalern herangezogen werden.

Das Ende der Neandertaler

Der Übergang vom Neandertaler zum modernen Menschen gehört sowohl im Bereich der Paläoanthropologie als auch in der Archäologie zu den sehr kontrovers diskutierten Themen. Während noch vor wenigen Jahren der Übergang häufig als ein einheitlicher genetischer, morphologischer und kultureller Prozess verstanden wurde, muss heute eine Trennung zwischen dem biologischen Phänomen des Erscheinens einer neuen Menschenart in Europa, dem *Homo sapiens sapiens* und der kulturellen Entwicklung des Jungpaläolithikums gezogen werden. Die einfache Vorstellung, dass die nach Europa vordringenden anatomisch modernen Menschen eine überlegene Technik mitbrachten und auf diese Art und Weise den technologisch unterlegenen Neandertaler überflügelten, ist nicht mehr haltbar. Der Ablauf des Übergangs wird heute als ein komplexer kultureller Prozess verstanden, der im Gegensatz zu früheren Vorstellungen, nach denen die Neandertaler eine rein passive Rolle spielten, als ein Vorgang gesehen wird, der wesentlich von der technologischen Entwicklung der Neandertaler geprägt wurde. Bevor jedoch auf die Vorgänge im Einzelnen eingegangen werden kann, muss zunächst der zeitliche und klimatische Rahmen definiert werden.

Die Chronologie und kulturelle Entwicklung des Übergangs

Die Zeitperiode, in der sich der Übergang vom Neandertaler zum anatomisch modernen Menschen in Europa vollzog, lässt sich mit 60000–25000 Jahren vor heute angeben. Der größte Teil dieser Zeitspanne, die Zeit zwischen 58000 und 28000 vor heute wird als Interpleniglazial bezeichnet. Aus diesem Zeitabschnitt liegen sowohl eine Vielzahl von C14 Datierungen als auch Thermolumineszenz- (TL), Uranserien- (U) und Elektrospinresonanz- (ESR) Daten vor (siehe Datierungsmethoden). Außerdem sind durch Untersuchungen der Pollen aus Fundstellen und den Grönlandeis-Bohrkernen zahlreiche Informationen über die klimatische Entwicklung und die Zusammensetzung der Flora bekannt. Die Zeit des Interpleniglazials wird nach diesen Erkenntnissen in fünf Interstadiale (Zwischeneiszeiten) unterteilt, die jeweils zwei- bis viertausend Jahre andauerten. Diese fünf Warmphasen sind auch in den Pollenprofilen durch eine starke Zunahme von Baum- bzw. Gras- und Kräuterpollen zu erkennen. Die Landschaft Europas lässt sich generell während der fünf Warmzeiten wie folgt charakterisieren: Während in Südeuropa bzw. dem nördlichen Mittelmeerraum (Spanien, Italien, Griechenland, Balkan und Südfrankreich) eine Waldlandschaft vorherrschte, schloss sich nach Norden in Mitteleuropa ein offener Nadelwald an, der im nördlichen Europa von einer Strauch-Tundrenlandschaft abgelöst wurde. Die Gletscher bedecken zu diesem Zeitpunkt lediglich den Raum des heutigen Norwegen. Allerdings befindet sich zwischen der Tundrenlandschaft, die die südlichen Teile Nordeuropas bedeckt und dem Eisschild ein Raum, der das heutige Skandinavien und Schottland umfasst, der als unbewohnbare Polarwüste zu bezeichnen ist.

Vor allem der engere Zeitraum des Übergangs zwischen ca. 45000 und 30000 vor heute ist durch eine Vielzahl von lokalen Bezeichnungen für das späte Mittelpaläolithikum oder das früheste Jungpaläolithikum gekennzeichnet.

Spätes Mittelpaläolithikum

Moustérien tradition acheuléen	Westeuropa (Frankreich)	60–35000 Jahre vor heute
Spätes Moustérien	Südeuropa (Spanien)	60–28000
Spätes Micoquien	Mitteleuropa (Deutschland)	50–38000
Blattspitzenhorizont	Mitteleuropa	39–36000

Übergangsindustrien (frühestes Jungpaläolithikum)

Chatelperronien	Westeuropa (Frankreich)	> 38–33000 Jahre vor heute
Széletien	Mittel- und Südosteuropa	43–35000
Bohunicien	Mitteleuropa	44–38000
Jerzmanowicien	Mittel- und Südosteuropa	39–36000
Olschewian	Südosteuropa	36–28000
Uluzzien	Südeuropa (Italien)	> 34–31000

Frühes Jungpaläolithikum

Proto-Aurignacien	Mittel- und Südosteuropa	40000(?) Jahre vor heute
Frühes Aurignacien	Mitteleuropa	38–33000

Ein komplexer Prozess

Diese Vielfalt der lokalen Steingeräteindustrien, die dem Übergangszeitraum zugerechnet werden, zeigt, dass dieser Übergang von lokalen eigenständigen Entwicklungen geprägt gewesen sein muss. Hinzu kommt, dass in vielen Schichtenfolgen immer wieder Lücken bzw. Schichten auftauchen, die keine Belege für eine Anwesenheit des Menschen ergeben. Aufgrund dieser archäologisch sterilen Horizonte liegt in vielen Regionen Europas trotz des Vorkommens der Übergangsindustrien eine Besiedlungslücke zwischen dem Auftreten des Aurignacien, das als der eigentliche Beginn des Jungpaläolithikums angesehen wird, und dem späten Mittelpaläolithikum bzw. den Übergangsindustrien vor. Was immer für dieses Phänomen verantwortlich ist, es zeigt, dass der Übergang nicht überall nahtlos verlief. Daneben gibt es in Europa auch Regionen, in denen bislang keine Übergangsindustrien identifiziert werden konnten. Hierfür können verschiedene Ursachen verantwortlich sein. Zum einen besteht die Möglichkeit, dass in einer solchen Region, wie z. B. auf der iberischen Halbinsel, ein Übergang stattfand, bei dem das Aurignacien unmittelbar auf das Moustérien folgt, wobei auch manchmal eine Besiedlungslücke auftritt. Dies ist beispielsweise bei den Fundstellen El Castillo und L'Arbreda in Katalonien der Fall, die eine umfangreiche Schichtenfolge geliefert haben. Eine andere Möglichkeit besteht darin, dass entsprechende Übergangsindustrien noch nicht erkannt oder entdeckt wurden. In weiten Teilen des übrigen Europas lassen sich jedoch zwischen dem späten Mittelpaläolithikum und dem frühen Aurignacien, dem in manchen Regionen auch eine als Proto-Aurignacien bezeichnete Industrie vorausgehen soll, die verschiedenen Übergangsindustrien identifizieren.

Obwohl bislang die Frage nach Kontakten zwischen den einzelnen regional auftretenden Übergangsindustrien noch weitgehend offen ist, lassen sich klare Gemeinsamkeiten feststellen. Das Auftreten verschiedener Rückenspitzen wie der Chatelperronspitze ist in verschiedenen Übergangsindustrien belegt. Die Verwendung der Bezeichnung »Spitze« sagt jedoch nur bedingt etwas über den Verwendungszweck aus. Das Artefakt wurde nach Gebrauchsspurenanalysen ausschließlich als Messerklinge verwendet. Eine gewisse Ähnlichkeit zu den halbmondförmigen Rückenspitzen aus dem Uluzzien ist dabei nicht zu übersehen. Das Vorkommen so genannter Blattspitzen ist dagegen auf die mitteleuropäischen Übergangsindustrien beschränkt. Allen ist gemeinsam, dass Klingen nun häufig in den Werkzeuginventaren vertreten sind, ebenso wie Kratzer, Bohrer, Stichel. Auch die zuvor nur in Einzelfällen belegten Knochenwerkzeuge werden vor allem in Form von Geschossspitzen immer häufiger. Das zunehmende Auftreten dieser Werkzeuge ist ein deutlicher Hinweis auf die Zugehörigkeit dieser Industrien zum Jungpaläolithikum, das unter anderem durch das Auftreten von Geschossspitzen definiert ist. Als eine weitere Veränderung zum Mittelpaläolithikum lässt sich sowohl bereits im späten Moustérien als auch in den Übergangsindustrien eine größere Vielfalt der Rohmaterialnutzung und eine gesteigerte Vielfalt der technischen Konzepte bei der Herstellung von Steinwerkzeugen feststellen. Damit wird deutlich, dass die Industrie des Mittelpaläolithikums weiterentwickelt wird. Dieser Prozess beginnt bereits zu einer Zeit, in der die Anwesenheit des anatomisch modernen Menschen in Europa nicht nachgewiesen ist (siehe Tabelle S. 89–91). Somit muss diese Entwicklung von den Neandertalern selbst ausgegangen sein, eine Leistung, die ihnen lange Zeit nicht zugetraut wurde.

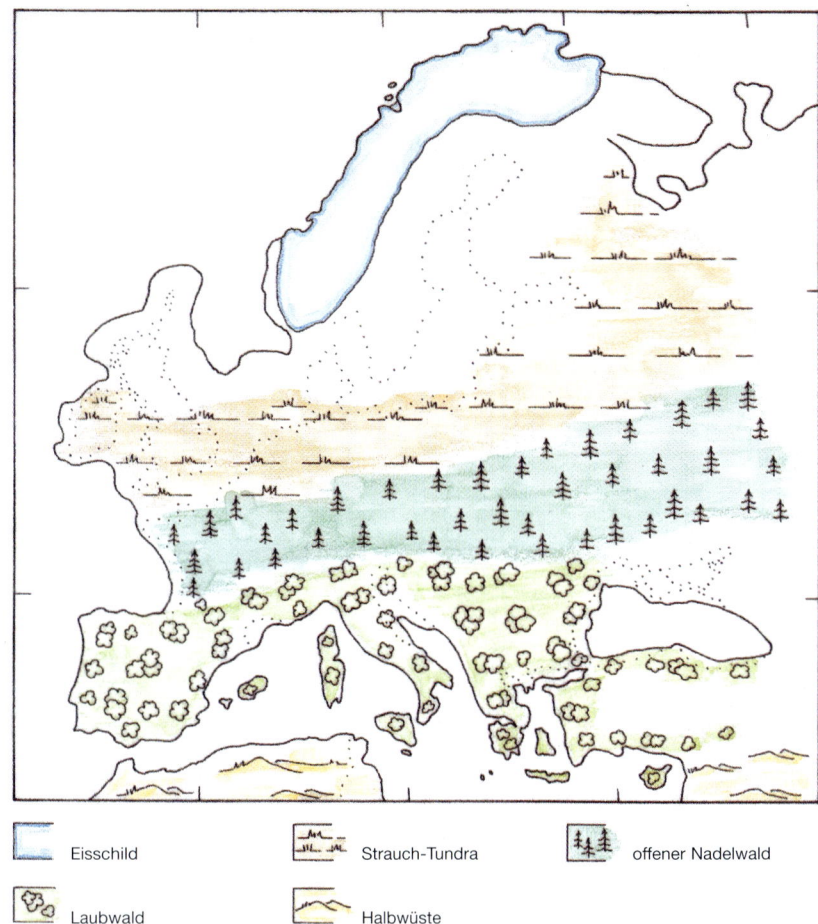

Die Vegetation in Europa während der Hengelo-Warmphase der letzten Eiszeit vor 39 000 bis 36 000 Jahren.

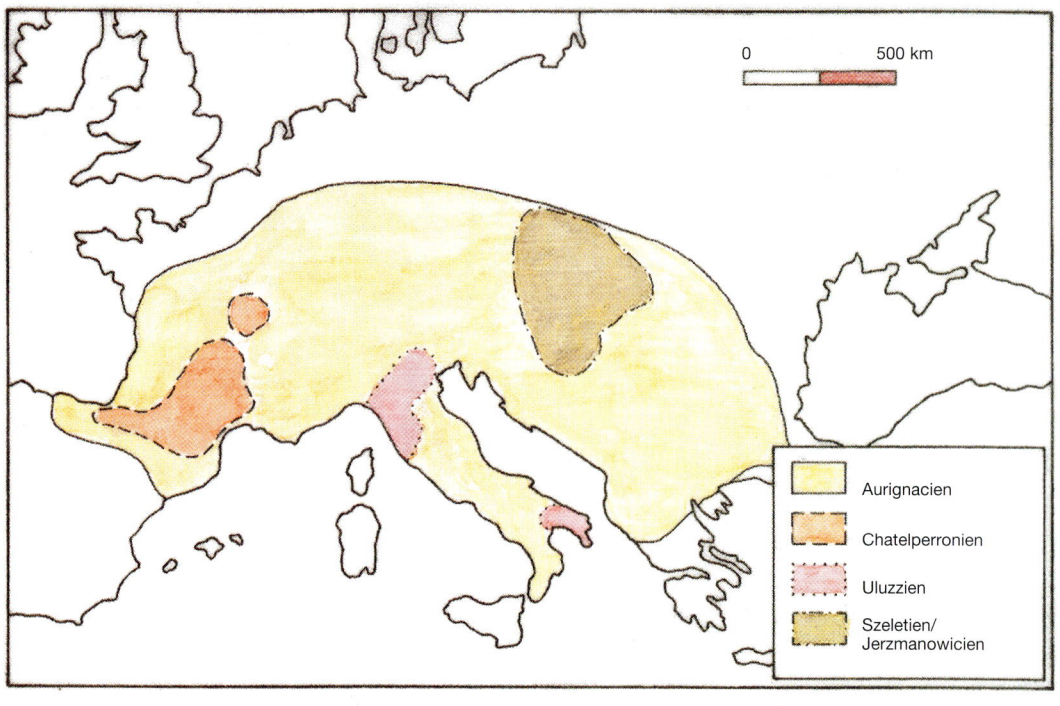

Einige der in Europa belegten Übergangsindustrien, die mittlerweile zum frühesten Jungpaläolithikum gerechnet werden.

- Aurignacien
- Chatelperronien
- Uluzzien
- Szeletien/Jerzmanowicien

Das im Anschluss an die Übergangsindustrien erscheinende Aurignacien ist wie diese durch das Auftreten von Klingen in großer Zahl, verschiedene Kratzer- und Stichelformen sowie durch Geschossspitzen aus Knochen, Geweih und Elfenbein charakterisiert. In den Schichten des frühen Aurignaciens tauchen zudem in den Fundstellen Deutschlands und Frankreichs in größerer Zahl Objekte auf, die als Schmuck zu bezeichnen sind. Es handelt sich sowohl um einfache durchbohrte Tierzähne wie sie auch bereits im Zusammenhang mit dem französischen Chatelperronien aufgetreten sind, als auch um Schmuckschnecken und Perlen aus Elfenbein oder Aufnäher für die Kleidung aus Stein, Knochen und Elfenbein. Zum Teil tritt diese Schmuckkategorie in einigen der Aurignacienfundstellen zu hunderten auf. Hinzu kommen in der Zeit um 30000 Jahre vor heute außergewöhnlich detailliert gestaltete Kleinplastiken aus Elfenbein, wie die Tierdarstellungen aus der Vogelherdhöhle und die Löwen-Mensch-Figur aus dem Hohlenstein-Stadel auf der Schwäbischen Alb in Baden-Württemberg, die die ältesten Belege für figürliche Kunst in Europa darstellen. In Westeuropa und dem angrenzenden Raum des nördlichen Südeuropas, sprich in Frankreich und Nordspanien, ist zudem das Phänomen der Höhlenkunst verbreitet. Während die Masse der Fundstellen mit Höhlenkunst in die mittleren und späten Abschnitte des Jungpaläolithikums fallen, konnte durch die Neuentdeckung der Grotte Chauvet in der Ardèche der Beginn der Höhlenkunst nach ersten C14 Daten, die von den Malereien selbst gewonnen wurden, bereits in den mittleren Abschnitt des Aurignacien zwischen 32410 ± 720 und 30340 ± 570 vor heute und damit 16000 Jahre früher als bislang angenommen, datiert werden.

Das Auftreten von Schmuck in großer Zahl, der figürlichen Kleinkunst und der Höhlenkunst

Die nach Gebrauchsspuren wahrscheinlichste Möglichkeit der Schäftung von Chatelperronspitzen zur Nutzung als Messer.

Eine knöcherne Geschoßspitze aus dem Mittelpaläolithikum der Großen Grotte im Achtal bei Blaubeuren. Die Absplisse an der abgestumpften Spitze deuten darauf hin, dass die Spitze verschossen wurde. Vermutlich wurde das beschädigte Projektil ausgewechselt und weggeworfen.

stellen den wesentlichen Unterschied zum frühesten Aurignacien, den Übergangsindustrien und dem späten Mittelpaläolithikum dar. Was jedoch die Werkzeugtechnologie und die Vielfalt in der Zusammensetzung der Inventare angeht, so zeigen moderne Analysen, dass z. B. zwischen dem Chatelperronien und dem Aurignacien kein wesentlicher Bruch besteht. Dieser tritt erst wesentlich später, am Übergang zwischen Aurignacien und Gravettien um 27000 Jahre vor heute auf, ein weiterer Hinweis für die enge Kontinuität zwischen dem späten Mittelpaläolithikum und dem frühen Jungpaläolithikum.

… und die Menschen?

Das Auftreten des modernen Menschen in Europa lässt sich grob auf einen Zeitraum vor 40000 bis 30000 Jahren eingrenzen. Allerdings existieren bis heute keine Skelettreste des modernen Menschen, die eindeutig durch C14-Daten älter als 32000 Jahre datiert werden können (Tabelle). Daher muss bis jetzt unklar bleiben, wann genau der moderne Mensch in Europa auf den Neandertaler traf und wie sich dieser Übergang vollzog.

In dem fraglichen Bereich zwischen 40000 und 32000 Jahren vor heute wurde noch bis vor wenigen Jahren eine Abfolge rekonstruiert, die sich wie folgt darstellte: Auf das späte Mittelpaläolithikum folgten die Übergangsindustrien und darauf das Aurignacien. Diese Abfolge wurde durch entsprechende Schichtenfolgen bestätigt. Bald stellte sich jedoch heraus, dass in einzelnen Regionen dieser Prozess uneinheitlich verlief. Vor allem die Neudatierungen einiger Neandertalerfossilien, die mittlerweile bis in einen Zeitraum um 27000 vor heute eingeordnet werden, machten deutlich, dass man von der Vorstellung Abschied nehmen musste, dass sich der Übergang vom Neandertaler zum anatomisch modernen Menschen in einem relativ kleinen Zeitfenster abspielte. Mittlerweile muss der Übergangsbereich, der früher mit dem Beginn des Aurignacien als abgeschlossen angesehen wurde, auf den gesamten Zeitraum des Aurignacien erweitert werden. Somit ist als Übergangshorizont nicht nur das späte Mittelpaläolithikum und die so genannten Übergangsindustrien, sondern das gesamte frühe Jungpaläolthikum anzusehen. Erst mit dem Beginn des Gravettien, zwischen 30000 und 20000 Jahren vor heute, dem mittleren Jungpaläolithikum, scheint der Übergang abgeschlossen zu sein. Tatsächlich sehen viele Archäologen in dieser Zeit nicht nur einen Wandel technologischer Art, wie dem Verwenden so genannter Kompositgeräte, die aus mehreren Elementen zusammengesetzt sind und einer Ver-

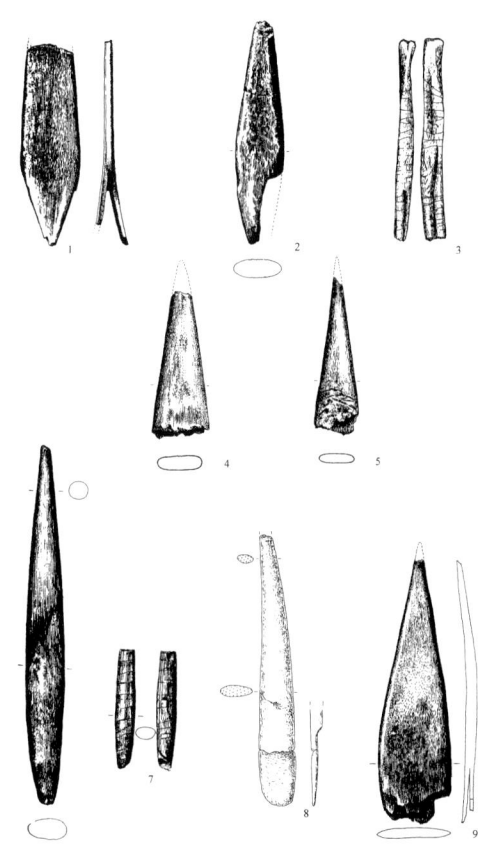

Geschossspitzen und ein verziertes Objekt aus Knochen aus der slowenischen und kroatischen Übergangsindustrie des Olschewien.

kleinerung der Werkzeugformen, sondern auch Veränderungen im Verhalten der Menschen. Dies betrifft die Siedlungsweise mit der Anlage von komplexeren Wohnbehausungen ebenso wie die deutlich gesteigerte räumliche Mobilität und die Bestattungspraktiken, die sich durch ihren Reichtum an Schmuckelementen und Beigaben von denen der Neandertaler und frühen anatomisch modernen Menschen abheben.

Um die Frage nach dem Träger des Überganges und somit nach dem Hauptakteur beantworten zu können, werden aussagekräftige Fossilfunde benötigt, die zum einen morphologisch der einen oder anderen Menschenart zuzuordnen sind und zum anderen durch ihre Lage in den entsprechenden Schichten datierbar sind. Unglücklicherweise sind eben jene Funde bis heute sehr rar geblieben. Seit der Identifizierung der Übergangsindustrien wurde darüber spekuliert, wer der Träger dieser technologischen Entwicklung war. Der Fund des Skelettes von Combe Capelle, einem anatomisch modernen Menschen in Chatelperronien-Schichten, durch Otto Hauser im Jahre 1909, schien zeitweise das Bild zu bestätigen, das man sich von den Übergangsindustrien machte, nachdem ihre Existenz einmal erkannt war. Da diese wesentliche Merkmale des Jungpaläolithikums zeigten und folgerichtig auch zu diesem gerechnet werden, hielt man den anatomisch modereren Menschen auch für den Träger der Übergangsindustrien. In der späteren Zeit kamen jedoch immer mehr Zweifel an der zeitlichen Zuordnung der Bestattung von Combe Capelle auf, schließlich konnte der Körper auch von höheren Schichten aus, durch eine Grabgrube auf das Niveau der Chatelperronien-Schicht gelangt sein. Aufgrund der damaligen Grabungsmethoden konnte dies nicht ausgeschlossen werden. Das Skelett wurde schließlich während des 2. Weltkrieges bei einem Bombenangriff auf Berlin so stark verbrannt, dass eine C14 Datierung heute nicht mehr möglich ist. Der Schädel überlebte den Angriff zwar zunächst unbeschädigt, verschwand dann aber in den ersten Nachkriegstagen.

Erst durch den Fund des Skelettes von Saint Césaire in Frankreich im Jahre 1979 konnte bewiesen werden, dass die Neandertaler Träger dieser jungpaläolithischen Übergangsindustrie waren. Auch die Funde aus Arcy-sur-Cure, die aus dem gleichen Zusammenhang stammen, werden den Neandertalern zugeschrieben. Das Gleiche gilt für die Funde aus den Olschewien-Schichten aus Vindija in Kroatien. Bei den übrigen Funden menschlicher Skelettreste aus einem Zusammenhang mit Übergangsindustrien handelt es sich lediglich um Zähne, die zum Teil von Kindern stammen und die keiner Menschenart zugerechnet werden können. Dennoch ist wohl einheitlich davon auszugehen, dass der gesamte technologische Komplex zwischen dem Mittelpaläolithikum und dem Aurignacien ausschließlich den Neandertalern zuzuweisen ist.

Wesentlich problematischer stellt sich die Situation im frühen Aurignacien dar. Während der Nachweis von anatomisch modernen Menschen vor allem in Mitteleuropa kaum vor 32 000 vor heute möglich ist (siehe Tabelle S. 89–91) und damit erst im mittleren bis späten Aurignacien, stellen die spärlichen Funde von menschlichen Skelettresten aus dem frühen Aurignacien eine besonders wichtige Quelle dar. Bedauerlicherweise sind diese Funde meist stark fragmentiert und damit schwierig zu beurteilen. So ist es kaum möglich, eindeutige Aussagen anhand eines einzelnen isolierten Zahnes oder eines kleinen Kieferfragmentes zu machen, wie z. B. die Funde aus dem sog. Proto-Aurignacien von Bacho Kiro in Bulgarien zeigen. Die teilweise auf ein Alter um 43 000 Jahre vor heute datierten Knochen sind derart fragmentiert, dass keine eindeutige Aussage möglich ist, ob es sich um Reste von Neandertalern oder von anatomisch modernen Menschen handelt. Bei einem anderen Fund, dem Fragment eines Stirnbeines aus Hahnöfersand in Hamburg, das zunächst um 36 000 vor heute datiert wurde, muss heute nach einer Neudatierung von einem Alter um 7500 vor heute ausgegangen werden. Lediglich aus der nordspanischen Fundstelle El Castillo, die eine große Schichtenfolge aus mittelpaläolithischen und aurignacienzeitlichen Fundschichten erbracht hat, liegen der Unterkiefer und sieben Schädelfragmente eines 3–5 Jahre alten Kindes vor. Anhand der morphologischen Merkmale des Unterkiefers sind diese Reste offenbar einem anatomisch modernen Menschen zuzurechnen. Die entsprechende Schicht kann auf einen Zeitraum zwischen 40 000 und 38 000 Jahren vor heute datiert werden. Damit würde der bislang einzige Beleg für die Anwesenheit des anatomisch modernen Menschen in Europa um 40 000 vor heute vorliegen. Da die Fundschicht durch die später durchgeführten Nachgrabungen mehrfach umbenannt wurde, ist eine exakte Zuordnung zu den an Holzkohlestücken gewonnen C14 Daten problematisch. Zudem haben die neueren Grabungen gezeigt, dass Hinweise auf Umlagerungsprozesse in den betreffenden Schichten vorliegen. Bedauerlicherweise sind die Menschenreste, die aus einer Grabung der zwanziger Jahre stammen, heute verschollen, so dass eine Überprüfung der frühen zeitlichen Einordnung anhand einer Direktdatierung der Skelettreste nicht erfolgen kann.

Bei allen übrigen Funden von menschlichen Skelettresten des Aurignacien handelt es sich entweder um spätere Datierungen oder die Skelettreste, in der Regel isolierte Zähne, lassen sich morphologisch nicht näher bestimmen. Vor allem für das frühe Aurignacien ist demnach nicht auszuschließen, dass es technologisch sowohl von anatomisch modernen Menschen als auch von Neandertalern hergestellt wurde, und dass beide Menschenformen auch maßgeblich an seiner Entwicklung und Entstehung beteiligt waren. Ob das frühe Aurignacien in einigen Regionen ausschließlich durch den Neandertaler oder den anatomisch modernen Menschen dominiert war, ist eine noch offene Frage.

ZEITSTUFE	FUNDORT	ERHALTENE ANATOMISCHE REGION	ABSOLUTE DATIERUNG (C14)
SPÄTES MOUSTÉRIEN	Pech-de-l'Ázé, Frankreich	Schädel und Unterkieferfragment (Kind) – Neandertaler	46 300 ± 3 000 – 30 700 ± 400 B.P.
	Mezmaiskaya, Ukraine	Teilskelett (Kind) – Neandertaler (?)	29 195 ± 965 B.P.
	Carihuela, Spanien	2 fragmentarische Scheitelbeine, Stirnbein, Zähne (Kind) – Neandertaler	26 – 30 000 B.P. Schichtzugehörigkeit fraglich
	Zafaraya, Spanien	Unterkiefer, ein weiteres Unterkieferfragment, fragmentarischer Oberschenkel von Erwachsenen und ein Beckenfragment eines Jugendlichen – Neandertaler	29 800 ± 600 B.P. 33 400 ± 200 B.P. (Th/U)
	Gruta da Oliveira, Portugal	Fingerknochen und Ellenfragment	38 390 ± 480 B.P. 40 420 ± 1220 B.P
CHATELPERRONIEN	Saint Césaire, Frankreich	Teilskelett – Neandertaler (Bestattung)	36 300 ± 2 700 B.P.
	Combe Capelle, Frankreich	vollständiges Skelett anatomisch moderner Mensch (Bestattung)	Die Datierung in das Jungpaläolithikum ist unsicher
	Arcy-sur-Cure, Frankreich	8 isolierte Zähne, fragmentarisches Schläfenbein (Kind) – Neandertaler	33 860 ± 250 BP
	Font de Gaume, Frankreich	Isolierter Eckzahn, Kind 2–4 Jahre alt	33 800 ± 700 B.P.
ULUZZIEN	Grotta del Cavallo, Italien	2 Milchzähne	
SZELETIEN	Remet Höhle, Ungarn	2 Schneide- und 1 Eckzahn	
	Dzeravá Skála, Slowakai	Backenzahn eines Kindes (Zahnkeim)	
OLSCHEWIEN	Vindija, Kroatien	Unterkieferfragment Scheitel- und Stirnbeinfragment, Wangenbein, 2 isolierte Zähne (Schneide- und Eckzahn) – Neandertaler	29 080 ± 400 B.P. 28 020 ± 360 B.P.
PROTO-AURIGNACIEN (BACHOKIRIEN)	Bacho Kiro, Bulgarien	Unterkieferfragment mit einem Molar zwei Schneidezähne Scheitelbeinfragment Unterkieferfragment mit einem Backen- und Vorbackenzahn isolierter Vorbackenzahn und Eckzahn des Oberkiefers – anatomisch moderner Mensch (?)	>43 000 32 700 ± 0,300 29 200 ± 1000

Fossilfunde später Neandertaler und früher anatomisch moderner Menschen in Europa in der Zeit zwischen 40 000 und 25 000 Jahren vor heute.

ZEITSTUFE	FUNDORT	ERHALTENE ANATOMISCHE REGION	ABSOLUTE DATIERUNG (C14)
AURIGNACIEN	El Castillo, Santander, Spanien	Isolierter Backenzahn, 3 Schädelfragmente sowie Unterkieferfragment und 7 Schädelfragmente (Kind, 3–5 Jahre) – anatomisch moderner Mensch	40 000 ± 2 100 B.P. 37 700 ± 1 800 B.P.
	La Ferrassie, Frankreich	Isolierter Schneide- und Backenzahn	34 000 – 32 000 B.P
	Riparo Bombrini, Ligurien, Italien	Isolierter Schneidezahn, Milchgebiss	33 000 – 31 500 B.P
	Les Cottés, Frankreich	Fragmentarisches Skelett (Bestattung?) – anatomisch moderner Mensch	31 200 ± 410 B.P.
	Brassempouy, Frankreich	Linke Oberkieferhälfte mit Bezahnung, 7 isolierte Zähne von Erwachsenen und Kindern und ein Zehenglied – anatomisch moderner Mensch	31 690 + 780 – 710 B.P. 32 190 + 620 – 580 B.P. 31 820 + 550 – 510 B.P. 28 620 ± 420 B.P. 31 690 + 780 – 710 B.P.
	Vogelherd, Deutschland	2 unvollständige Schädel, 1 zugehöriges Unterkieferfragment, 1 Humerus, 2 Wirbel 1 Mittelhandknochen – anatomisch moderner Mensch	30 730 ± 750 B.P. 30 160 ± 1 340 B.P. 31 900 ± 1 100 B.P.
	Kelsterbach, Deutschland	fragmentarischer Schädel – anatomisch moderner Mensch	31 200 ± 1 600 B.P. (Datierung umstritten)
	Kent's Cavern, England	Oberkieferfragment mit 3 Zähnen – anatomisch moderner Mensch	30 900 ± 900 B.P.
	Le Flageolet, Frankreich	Stark fragmentierte Unterarm- und Unterschenkelfragmente – anatomisch moderner Mensch	24 800 ± 600 B.P. 26 800 ± 1 000 B.P. (spätes Aurignacien?)
	Mladec, Tschechische Republik	101 Menschenreste darunter 1 vollständiger und einige fragmentarische Schädel (59 Menschenreste 1945 zerstört) – anatomisch moderner Mensch	
	Zlaty Kun, Tschechische Republik	Fragmentarischer Schädel und Unterkiefer, Wirbel und Rippen – anatomisch moderner Mensch	
	Cioclovina, Rumänien	fragmentarischer Schädel – anatomisch moderner Mensch	
	Podbada, Tschechische Republik	Fragmentarischer Schädel (1921 zerstört) – anatomisch moderner Mensch	
	Cro Magnon, Frankreich	Skelette, bzw. Teilskelette von mindestens 5 Individuen sowie zahlreiche isolierte bzw. nicht zuweisbare Skelettreste (Bestattungen) – anatomisch moderner Mensch	
	Cueva Morin, Spanien	Körperabdrücke – keine Skelettreste (Bestattungen?)	

ZEITSTUFE	FUNDORT	ERHALTENE ANATOMISCHE REGION	ABSOLUTE DATIERUNG (C14)
AURIGNACIEN	Fosselone, Latium, Italien	Fragmentarischer Oberkiefer mit Backenzähnen und Schulterblattfragment – anatomisch moderner Mensch	
	Bize, Frankreich	Isolierter Backenzahn, fragmentiertes Scheitelbein – anatomisch moderner Mensch	
	Blanchard, Frankreich	Isolierter Eckzahn, fragmentarischer Unterkiefer (Kind) – anatomisch moderner Mensch	
	La Chaise, Frankreich	Fragmentarisches Hinterhauptbein und Oberschenkel (Kind) – anatomisch moderner Mensch	
	La Crouzade, Frankreich	Stirn- und Scheitelbein sowie rechtes Oberkieferfragment mit teilw. vorhandener Bezahnung – anatomisch moderner Mensch	
	La Quina, Frankreich	2 isolierte Zähne, Oberschenkel und Kniescheibe (verbrannt) Unterkieferfragment mit Bezahnung (Kind) 5 isolierte Zähne (einer an der Wurzel durchbohrt) – anatomisch moderner Mensch	
	Les Roches, Frankreich	Isolierter Eckzahn; Fragmentierter Unterkiefer mit teilweise vorhandener Bezahnung (Kind) – anatomisch moderner Mensch	
	Les Rois, Frankreich	2 fragmentarische Unterkiefer (Kinder), 34 isolierte Zähne von mindestens 4 Individuen – anatomisch moderner Mensch	
	Camargo, Santander, Spanien	Fragmentarische Schädelkalotte (zerstört im spanischen Bürgerkrieg). – anatomisch moderner Mensch	Aurignacien oder Gravettien
	Castanet, Frankr.	Isolierter Weisheitszahn	
	Chez Leix, Frankr.	Isolierter Backenzahn (Kind)	
	Font de Gaume, Frankreich	Isolierter Backenzahn (Kind)	
	Arcy-sur-Cure, Frankreich	Isolierter Vorbackenzahn	
	La Combe, Frankreich	Isolierter erster Backenzahn (künstlich an der Wurzel durchbohrt)	
	La Gravette, Frankreich	Isolierter Weisheitszahn	
	Les Battus, Frankr.	Isolierter Backenzahn	
	Les Vachons, Frankreich	3 isolierte Zähne	

Verwandtschaft und die Frage der Vermischung

Neben den vielen noch ungelösten Problemen in der Datierung, der kulturellen Abfolge und der technologischen Entwicklung bleibt auch eine weitere zentrale Frage, die Archäologen und Paläoanthropologen seit der Entdeckung des Neandertalers beschäftigt, bis heute bestehen: Wie sind die Neandertaler mit uns verwandt und haben sie sich mit den anatomisch modernen Menschen vermischt? Die Frage nach der Existenz so genannter Hybriden ist von zentraler Bedeutung. Falls eine Vermischung durch einen Fossilfund nachgewiesen werden könnte, so würde die Möglichkeit, dass die Neandertaler eben durch Vermischung mit den anatomisch modernen Menschen verschwunden sind, wesentlich plausibler. Auch die Frage nach dem Verwandtschaftsgrad würde damit zumindest teilweise beantwortet. Die Existenz von fortpflanzungsfähigen Nachkommen setzt voraus, dass an der Zeugung Individuen der gleichen Art beteiligt sind. Demnach müssten Neandertaler und anatomisch moderne Menschen als Unterarten gesehen werden und nicht, wie manche annehmen, als verschiedene Arten. Kritiker wenden ein, dass selbst der Fund eines eindeutigen Hybriden nicht die Frage nach der Fortpflanzungsfähigkeit beantwortet, die nach den biologischen Gesetzmäßigkeiten vorhanden sein muss, um von Unterarten sprechen zu können.

Eines der großen Probleme bei der Suche nach Hybriden oder ihren Nachfahren ist die Frage: Woran kann man sie eigentlich erkennen? Welche morphologischen Merkmale müssen vorhanden sein, um von einem Mischling sprechen zu können? Obwohl mittlerweile einige Funde aus dem Aurignacien als mögliche Hybriden diskutiert worden sind, wie unter anderem die Schädel aus Mladec und aus der Vogelherd-Höhle, konnten bislang alle Argumente, die an diesen Funden auf erkennbare Merkmale von Neandertalern hinweisen, widerlegt bzw. relativiert werden. Einige dieser Schädel zeigen unzweifelhaft einzelne Merkmale, wie sie auch in dem Merkmalsmuster der Neandertaler auftreten. Diese Einzelmerkmale kommen jedoch auch bei wesentlich jüngeren anatomisch modernen Menschen vor, die schon aufgrund ihrer Datierung oder kulturellen Zuweisung nicht in den Verdacht geraten können, mit Neandertalern unmittelbar verwandt zu sein. Es handelt sich bei diesen Merkmalen um solche, die zwar häufig bei Neandertalern nachgewiesen, aber nicht ausschließlich auf diese beschränkt sind. Bei allen oben genannten Schädelfunden handelt es sich um robuste Vertreter des anatomisch modernen Menschen, die noch Merkmale aufweisen, die als archaisch bezeichnet werden können und die sie von uns heute lebenden modernen Menschen unterscheiden.

Das Kind von Lagar Velho

Ende des Jahres 1998 wurde in Portugal ein Fund gemacht, der unter Umständen Hinweise auf eine solche Vermischung gibt. In der unterhalb eines Felsüberhangs gelegenen Fundstelle von Lagar Velho wurden bei Arbeiten an einem Weg jungpaläolithische Fundschichten angeschnitten. Die folgende archäologische Ausgrabung führte zu der Bergung einer mit rotem Ocker bestreuten Kinderbestattung. Dem ausgestreckt auf dem Rücken niedergelegten ca. 4 Jahre alten Kind waren vier durchbohrte Eckzähne vom Rothirsch und eine ebenfalls durchlochte Muschel als Beigabe mitgegeben worden. Während die Muschel vermutlich als Anhänger getragen wurde, fanden sich die Hirscheckzähne im gestörten Kopfbereich der Bestattung. Oberhalb des linken Unterschenkels lagen die Wirbel und Rippen eines Hasen. Als Teil des Totenrituals ist die Verbrennung eines Kiefernzweiges zu werten, die vor der Beisetzung des Körpers in der Grabgrube durchgeführt wurde. Die Asche befand sich unterhalb des rechten Oberschenkels des Kindes. Um das Skelett herum lagen vor allem im Kopf- und Fußbereich einige Knochen vom Rothirsch. Diese unterscheiden sich vom Erhaltungszustand her von den übrigen Tierknochen der Kulturschicht und können daher auch als Beigaben gewertet werden. Der Bereich unterhalb des Felsüberhanges, in dem die Bestattung angelegt worden war, ist zudem weitgehend

Ausgrabungsbefund der ca. 24 500 Jahre alten Bestattung des Kindes von Lagar Velho. Die flächige Rötelstreuung ist deutlich sichtbar.

fundleer, dies spricht ebenfalls für eine absichtliche Deponierung der Rothirschknochen, die wie die Teile des Hasen eine Fleischbeigabe darstellen. Die C14-Datierungen aus den umliegenden Tierknochen und der Holzkohle unterhalb des Oberschenkels ergaben ein Alter von ca. 24500 Jahren vor heute. Die Bestattung ist damit in das mittlere Jungpaläolithikum, das Gravettien, einzuordnen. Die wenigen bei einem Kind diesen Alters erkennbaren morphologischen Kriterien deuteten erwartungsgemäß auf einen anatomisch modernen Menschen hin. Eine genauere morphologische Untersuchung der Skelettreste durch Erik Trinkaus ergab jedoch ein überraschendes Ergebnis. Während die Schädelreste eindeutige Hinweise auf Zugehörigkeit zum anatomisch modernen Menschen bzw. in einem Merkmal auf eine Zwischenstellung zwischen Neandertalern und *Homo sapiens sapiens* ergaben, zeigten vor allem die Langknochen der Beine eigentümliche Übereinstimmungen mit den Proportionen der Neandertaler. Relativ kurze und gedrungene Gliedmaßen sind ein typisches morphologisches Kriterium der europäischen Neandertaler, das als Anpassung an das eiszeitliche Klima gewertet wird. Die frühen Vertreter von *Homo sapiens sapiens* in Europa weisen dagegen im Vergleich wesentlich längere und schlankere Gliedmaßen auf, was als Hinweis auf ihre tropische Herkunft interpretiert wird. Erst nach dem letzten Kältemaximum vor ca. 20000 Jahren scheinen sich auch die anatomisch modernen Menschen an das eiszeitliche Klima endgültig angepasst zu haben. Ab dieser Zeit weisen ihre Proportionen in dieser Hinsicht häufig Ähnlichkeiten mit denen der Neandertaler auf. Das Kind von Lagar Velho datiert jedoch 5000 bis 6000 Jahre vor dem Kältemaximum. Seine Körperproportionen und das Mosaik von verschiedenen Merkmalen des Neandertalers und von *Homo sapiens sapiens* können daher nach Meinung des Bearbeiters nur das Ergebnis einer Vermischung beider Menschenformen sein. Da die spätesten Neandertalerfunde auf der Iberischen Halbinsel, wie Zafaraya in Südspanien auf ca. 30000 Jahre vor heute datieren, kann es sich bei dem Kind von Lagar Velho nicht um das Produkt einer direkten Paarung zwischen einem Neandertaler und einem anatomisch modernem Menschen handeln. Vielmehr ist davon auszugehen, dass es sich bei dem Kind um einen Nachfahren einer Mischlingspopulation handelt.

Es ist jedoch darauf hinzuweisen, dass nicht alle Archäologen und Paläoanthropologen die Ansicht, dass es sich bei Lagar Velho um einen Hinweis auf Vermischung handelt, teilen. Vor allem die amerikanischen Paläoanthropologen Ian Tattersall und Jeffrey Schwartz haben kritisch zu den Interpretationen Stellung genommen. Ihrer Meinung nach handelt es sich bei der Bestattung von Lagar Velho nach den vorliegenden Informationen zur Skelettmorphologie eindeutig um einen anatomisch modernen Menschen. Die Kriterien, die auf eine Vermischung zwischen Neandertalern und anatomisch modernen Menschen hindeuten, werden von ihnen als Auswirkungen eines robusten Skelettbaues interpretiert. In einer Entgegnung auf diesen Kommentar verteidigten Erik Trinkaus und Joao Zilhao ihre Interpretation nachdrücklich und wiesen sowohl auf Fehler in der Kritik von Tattersall und Schwartz hin als auch auf die Tatsache, dass die Proportionen der Gliedmaßen des Kindes von Lagar Velho statistisch deutlich außerhalb der Variationsbreite des anatomisch modernen Menschen liegen.

An diese sehr kontrovers und leidenschaftlich geführte Debatte ist die Vermutung anzuschließen, dass unter Umständen auch die zur Verfügung stehende Datenbasis noch nicht ausreicht, um auf der Basis von statistischen Aussagen solche weitreichende Interpretation zu formulieren. Als Vergleichsmaterial an beurteilbaren Skelettresten von Kindern vergleichbaren Lebensalters, wurden von Erik Trinkaus alle Funde eiszeitlicher europäischer Neandertaler, der frühen anatomisch modernen Menschen aus dem Nahen Osten und eine größere Stichprobe von heute in kalten Klimazonen lebenden anatomisch modernen Menschen herangezogen. Alleine die Vergleichsbasis der archäologischen Funde streut geografisch von Europa bis in den Nahen Osten und zeitlich über einen Bereich von über 100000 Jahren, sie umfasst dennoch nur eine Menge von weniger als 20 Individuen. Bei dieser geringen Datenbasis besteht die Gefahr, dass die Variabilität der damaligen Populationen unterschätzt wird. Es ist daher zu hoffen, dass in der Zukunft durch weitere Funde Klarheit in dieser Frage geschaffen wird. Der Fund von Lagar Velho hat gezeigt, nach welchen Indizien für eine Vermischung gesucht werden kann und dass eine solche nicht von vornherein auszuschließen sein muss.

Neandertaler und Paläogenetik

Die so genannte Mitochondrien-DNA oder mtDNA ist für die Beantwortung von Fragen, die die Abstammung des Menschen betreffen, besonders geeignet. Die Analyse der Erbsubstanz, die aus den Mitochondrien der Zelle gewonnen werden, hat bereits weitreichende Erkenntnisse geliefert, die nicht nur auf die Abstammung des

Menschen aus Afrika hindeuten, sondern auch Informationen zum Verhältnis zwischen Neandertalern und anatomisch modernen Menschen geliefert hat. Bei den Mitochondrien handelt es sich um Organellen, die die Zellen mit Energie versorgen und die einen eigenen Anteil an Erbmaterial enthalten. Dabei liegt in ihnen nur der zweihunderttausendste Teil der gesamten Erbinformation vor, die im Zellkern gespeichert ist. Dies macht die zu analysierende Datenmenge zum einen wesentlich überschaubarer, zum anderen wird die geringe Anzahl dadurch kompensiert, dass pro Zelle zwischen 500 und 1000 Mitochondrien vorliegen, der gleiche Datensatz also mehrfach vorhanden ist. Dies erhöht die Möglichkeit, die entsprechende Erbinformation zu finden, da sich die DNA natürlich über Jahrtausende nicht unbeschädigt erhalten kann. In der Regel werden auch bei deutlich jüngeren Funden keine vollständigen Sequenzen entdeckt, sondern die Bruchstücke müssen mit speziellen Verfahren aufbreitet und rekonstruiert werden. Ein weiterer Vorteil ist die Tatsache, dass die mtDNA wesentlich schneller mutiert als dies bei der Zellkern-DNA der Fall ist. Diese wird zudem bei jeder Befruchtung einer Eizelle neu kombiniert. Die mtDNA dagegen wird ohne eine Neukombination von der weiblichen Linie unverändert weitergegeben. Die auftretenden Veränderungen werden durch natürliche Veränderungen, die Mutationen, herbeigeführt. Dies ist vor allem für die Analyse von mtDNA Funden wichtig, die aus zeitlich verhältnismäßig nah beieinander liegenden Bereichen stammen. Auch in einem kurzen Zeitraum entstandene Unterschiede können daher festgestellt werden. Allerdings, so wenden Kritiker ein, stellt die mtDNA nur einen winzigen Ausschnitt aus der Erbsubstanz dar, daher sind weitreichendere Aussagen anhand der gewonnen Daten bestenfalls ein Hinweis auf vorhandene Unterschiede und Gemeinsamkeiten. Die komplette Information der Erbsubstanz ist nur im Zellkern gespeichert, der bei Funden aus den relevanten Zeiträumen nicht erhalten ist.

Die Gewinnung von Resten der mtDNA aus dem Oberarm des namengebenden Neandertalfundes im Jahre 1997 durch den Paläogenetiker Matthias Krings kann als ein Meilenstein der Paläogenetik bezeichnet werden. Das Ergebnis, das weltweit Aufsehen erregte, ergab 27 Abweichungen bei den erhaltenen und analysierten 379 Basenpaaren im Vergleich zu der gleichen Sequenz beim heute lebenden anatomisch modernen Menschen. Dieses Ergebnis, das 1999 durch eine zweite Analyse einer weiteren Genregion bestätigt wurde, liegt außerhalb der Variationsbreite des anatomisch modernen Menschen. Eine im Jahr 2000 bei dem Fund eines wenige Monate alten Säuglingsskelettes aus der Mezmaiskaya Höhle im Kaukasus durchgeführte mtDNA-Untersuchung bestätigte die 1997 und 1999 gewonnenen Erkenntnisse. Allerdings ist mittlerweile von einigen Paläoanthropologen Kritik formuliert worden, die an der morphologischen Bestimmung der Skelettreste zweifeln und die Zuordnung des Säuglings zu den Neandertalern mit Skepsis betrachten. Falls sich herausstellen sollte, dass es sich bei diesem Individuum um einen frühen anatomisch modernen Menschen handelt, was aufgrund des gewonnenen C14-Datums von ca. 29000 Jahren vor heute durchaus möglich wäre, könnten die bisherigen Ergebnisse in einem anderen Licht gesehen werden. Der Nachweis einer »Neandertaler-mtDNA« bei einem anatomisch modernen Menschen aus der Zeit um 30000 Jahre vor heute würde bedeuten, dass die feststellbaren Unterschiede der mtDNA zu uns heutigen Menschen nicht morphologisch, sondern durch den Zeitfaktor bedingt sind.

Neben noch erheblichen methodischen Schwierigkeiten, die vor allem durch Verunreinigungen der Proben entstehen können, besteht das Hauptproblem in der Interpretation und Einschätzung der gewonnenen Erkenntnisse. Wie sind die Unterschiede der mtDNA beim Neandertaler zu bewerten? Rechtfertigen sie eine Einstufung in eine eigene Art, den *Homo neanderthalensis* oder kann weiter vom *Homo sapiens neanderthalensis* gesprochen werden? Während einige Paläoanthropologen, die auch die morphologischen Unterschiede zwischen beiden Menschenformen für gravierend halten, zu der Ansicht neigen, durch die DNA-Untersuchungen nun den Beweis für die Existenz einer zweiten Art zu besitzen, gehen auch führende Paläogenetiker wie Svante Pääbo derzeit noch nicht davon aus, dass diese Frage abschließend zu beantworten ist. Bislang kann aufgrund der vorhandenen Ergebnisse nur geschlossen werden, dass die Neandertaler keinen heute noch nachweisbaren wesentlichen Beitrag zum Genpool des heutigen *Homo sapiens sapiens* geliefert haben. Da die Mutationsrate der mtDNA sehr hoch ist, sie liegt zehnmal so hoch wie bei der Zellkern-DNA, kann auch vermutet werden, dass die vor 30000 Jahren vorhandenen Gemeinsamkeiten durch die in der Zwischenzeit abgelaufenen Mutationen längst verschwunden sind. Gerade die Tatsache, dass ein Vergleich der Neandertaler-mtDNA mit der des heutigen *Homo sapiens sapiens* durchgeführt wird, ist Anlass für Kritik an der Interpretation der Ergebnisse. Bislang ist noch keine Analyse der mtDNA eines frühen anatomisch modernen Menschen aus der Zeit um 30000 Jahre vor heute gelungen. Es ist durchaus plausibel anzunehmen, dass Neandertaler und diese früheren Vertreter des *Homo sapiens sapiens* sich genetisch wesentlich näher waren, als bislang vermutet werden kann.

Die geringe Anzahl der bis heute erfolgreich durchgeführten mtDNA-Untersuchungen bei Neandertalern berücksichtigen weder die zeitliche Tiefe noch die regionale und biologische Variabilität. So ist kaum davon auszugehen, dass die mtDNA eines 150000 Jahre alten Neandertalers aus Europa mit der eines 60000 Jahre alten Individuums aus dem Nahen Osten identisch ist. Neben diesen schwerwiegenden Problemen in der Beurteilung der Ergebnisse gibt es ein weiteres kaum lösbares Dilemma: Falls eine Untersuchung die mtDNA eines Neandertalers ergeben sollte, die von der des heutigen Menschen nicht zu unterscheiden ist, so würde das Ergebnis sicherlich als kontaminiert bezeichnet, die Analyse als wertlos eingestuft und nicht veröffentlicht werden.

Obwohl auf den ersten Blick sehr erfolgversprechend, sind durch die Paläogentik zahlreiche neue Probleme entstanden, die eine Lösung der Frage nach der Verwandtschaft des Neandertalers und des anatomisch modernen Menschen kaum einfacher gestalten.

Die Ebro-Grenze und das Schicksal der Neandertaler

Die frühe Ankunft des Aurignacien in Nordspanien einerseits, das Fehlen von Übergangsindustrien und die späten Daten des Mittelpaläolithikums im zentralen und südlichen Teil der Iberischen Halbinsel andererseits, waren der Anlass, über eine spezielle Form des Überganges vom Mittel- zum Jungpaläolithikum nachzudenken. Während die späten Daten des Moustérien zunächst als zu jung interpretiert wurden, kristallisierte sich nach und nach heraus, dass das frühe Jungpaläolithikum, das Aurignacien, in Südspanien erst nach 30000 auftritt. Der portugiesische Archäologe Joao Zilhao formulierte 1993 die Hypothese, dass in der Region des Ebro eine Art Grenze zwischen dem frühen Jungpaläolithikum in Nordspanien und dem späten Mittelpaläolithikum oder Moustérien im südlichen Teil der iberischen Halbinsel verlief. In den südlichen Bereich der Halbinsel sollten sich demnach die Neandertaler zurückgezogen haben, bis sie auch dort in der Zeit zwischen 30000 und 28000 Jahren vor heute durch den anatomisch modernen Menschen und

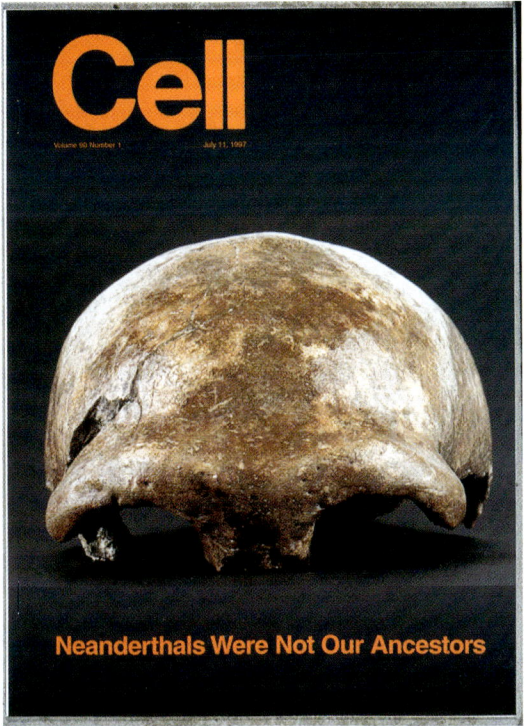

Das Titelbild der Fachzeitschrift Cell. In der Ausgabe wurde die erste erfolgreiche Gewinnung von Teilen der Neandertaler-mtDNA bekanntgegeben. Die Herausgeber titelten: »Die Neandertaler waren nicht unsere Vorfahren« – was bereits seit Jahrzehnten galt.

seine jungpaläolithische Industrie ersetzt wurden. Das Verschwinden der Neandertaler soll nach den Vorstellungen dieses Modells sehr schnell abgelaufen sein, nachdem die anatomisch modernen Menschen einmal in den südlichen Bereich Spaniens und nach Portugal vorgedrungen waren. In diesen Zusammenhang passen die Funde von Zafaraya in der Nähe von Gibraltar und ihre späte Datierung. Hier wurden Reste von Neandertalern zusammen mit typisch mittelpaläolithischen Werkzeugen entdeckt, die auf ca. 29000 Jahre vor heute datiert wurden. Lange Zeit galt dieser Fund als der jüngste bekannte Neandertaler und somit als eine Bestätigung eines »Neandertalerreservates« in dieser Region. Heute stellt sich das Bild bereits etwas differenzierter dar. Die Datierung der Neandertaler aus der kroatischen Fundstelle von Vindija um 28000 Jahre vor heute zeigt, dass späte Neandertaler nicht nur in Rückzugsbereichen ihres Verbreitungsgebietes nach 30000 vor heute existierten. Die Bestattung des nur wenige Monate alten Säuglings aus der Mezmaiskaya-Höhle im Kaukasus um 29000 belegt auch in dieser Region die Anwesenheit von späten Neandertalern. Allerdings muss hier betont werden, wie bereits an anderer Stelle ausgeführt, dass Zweifel an der Bestimmung als Neandertaler bestehen.

Da auf der Iberischen Halbinsel im Gegensatz zu anderen Regionen in Europa bislang keinerlei Anzeichen für Übergangsindustrien zu finden sind, ist es berechtigt, davon auszugehen, dass der Übergang vom Mittel- zum Jungpaläolithikum in dieser Region sehr schnell verlief. Somit ergibt sich für Zentral-, Südspanien und Portugal eine besondere Situation.

Die Beurteilung der einzelnen Faktoren, die zum Verschwinden der Neandertaler geführt haben, werden weiterhin sehr kontrovers diskutiert. Selbst die Frage, ob es sich um ein Aussterben in Folge einer Verdrängung aus dem Lebensraum oder um eine vollständige Vermischung handelt, ist umstritten. Grundsätzlich existieren drei Hypothesen:

1. Die Neandertaler wurden vom anatomisch modernen Menschen aufgrund seiner überlegenen Technologie aus ihrem Lebensraum verdrängt. Die Neandertalerpopulationen wurden dabei mit oder ohne direkte physische Gewalt derart dezimiert, dass sie im Verlauf einiger tausend Jahre vollständig ausstarben. Da mittlerweile die Ansicht einer überlegenen Technologie, die vom anatomisch modernen Menschen entwickelt und mit nach Europa importiert wurde, weitgehend widerlegt ist, besitzt diese Theorie kaum noch Wahrscheinlichkeit. Vertreter dieser Ansicht gehen meist davon aus, dass es sich bei Neandertalern und anatomisch modernen Menschen um verschiedene Menschenarten handelt, die keine fruchtbaren Nachkommen besaßen. Dies bedeutet, dass selbst wenn es zu gelegentlichen Vermischungen kam, aus diesen keine reproduktionsfähigen Individuen entstanden und somit eine Auswirkung auf den Genpool des heutigen Menschen auszuschließen ist.

2. Die Neandertaler wurden vom anatomisch modernen Menschen verdrängt, es kam zu gelegentlichen Vermischungen zwischen beiden Menschenformen, die jedoch ohne Auswirkungen auf den Genpool des heute lebenden Menschen blieben. Diese Theorie wird zusammen mit der Verdrängungshypothese durch die ersten Ergebnisse der mtDNA Untersuchungen vorerst gestützt. Weitere Untersuchungen müssen zeigen, ob das Ergebnis Bestand hat. Auch diese Theorie einer gelegentlichen Vermischung wird teilweise von Anhängern der Zweiartenhypothese vertreten. Eine nur geringe Vermischung zwischen Neandertalern und anatomisch modernen Menschen kann durch die Tatsache hervorgerufen worden sein, dass beide Menschenformen in nur relativ geringer Anzahl Europa besiedelten und dass die Wahrscheinlichkeit, dass zwei Gruppen aufeinander trafen, sehr gering war. Als Resultat wäre auch hier anzunehmen, dass die anatomisch modernen Menschen aus unbekannten Gründen ein Aussterben oder Verschwinden der Neandertaler verursachten.

3. Als dritte Theorie kann die Vermischungs-Hypothese angeführt werden. Vertreter dieser Vorstellung gehen davon aus, dass es sich bei Neandertalern und anatomisch modernen Menschen um Unterarten handelt, eine Vermehrung mit fruchtbaren Nachkommen also möglich ist. Als ein mögliches späteres Beispiel für eine solche Vermischung könnte das Kind von Lagar Velho angesehen werden. Nach dieser Vorstellung wären die Neandertaler nicht ausgestorben, sondern durch intensive Vermischung mit dem anatomisch modernen Menschen in diesem aufgegangen. Demnach müssten nach einer Zeit der Vermischung keine »reinen« Neandertaler mehr existiert haben. Durch weitere Vermischung mit den im späteren Jungpaläolithikum neu zuwandernden anatomisch modernen Menschen wären die zunächst noch vorhandenen Neandertalergene immer weiter verschwunden. Kritiker dieser Theorie wenden ein, dass die mtDNA des heute lebenden Menschen, die grundsätzlich nicht durch Neukombination verändert wird, sondern ausschließlich durch Mutationen, keine Hinweise auf Neandertalergene ergibt.

Was ist mit den Neandertalern geschehen?

Die Beantwortung dieser Frage ist bis zum heutigen Tag unmöglich geblieben. Sicher ist lediglich, dass relativ kurze Zeit nach 30 000 Jahren vor heute keine Neandertaler mehr nachzuweisen sind. Die Rolle, die der anatomisch moderne Mensch dabei gespielt hat, ist ebenfalls noch nicht klar. Die Vorstellungen einer technologischen Überlegenheit und einer generell größeren geistigen Leistungsfähigkeit des anatomisch modernen Menschen gegenüber dem Neandertaler sind heute widerlegt. Die Mechanismen, die zum Verschwinden einer Menschenform geführt haben, sind sicherlich vielfältig und dürften kaum in jeder Region Europas gleich abgelaufen sein. Leider liegen aus vielen Regionen Europas gerade aus dem Übergangsbereich noch immer zu wenige Funde vor, die es erlauben, hier Einblicke zu gewinnen. Eine wichtige Rolle beim Verschwinden der Neandertaler dürfte den klimatischen Veränderungen zukommen. Gerade in der Zeit zwischen 50 000 und 30 000 Jahren vor heute kennen wir insgesamt 18 Wechsel zwischen warmen und kalten Phasen der Eiszeit. Die damit verbundenen Wanderungsbewegungen der Neandertalergruppen und zwischen 40 000 und 30 000 Jahren auch des anatomisch modernen Menschen haben zu einer entsprechenden Fluktuation der einzelnen

Gruppen geführt. In den Kaltzeiten wurden die höher gelegenen und nördlichen Regionen gemieden, während sie in den Warmphasen wieder besiedelt wurden. Das Eindringen der Gruppen von anatomisch modernen Menschen zwischen 40 000 und 30 000 Jahren vor heute könnte dieses Gefüge gestört und zu einem Abwandern von Neandertalern geführt haben. Die Bevölkerungsgrößen der damaligen Zeit können mit Hilfe von Daten aus der Ethnologie nur geschätzt werden. Daher kann angenommen werden, dass unter Ausschluss von Regionen über 1000 m NN in Europa maximal ca. 250 000 Menschen lebten. Diese Zahl verdeutlicht, obwohl sie nur eine grobe Schätzung darstellt, die geringe Besiedlungsdichte in dieser Zeit. Falls die anatomisch modernen Menschen eine nur geringfügig günstigere Geburts- und Sterberate aufgewiesen hätten, so hätte dies innerhalb weniger Generationen zu einem wesentlichen Bevölkerungsvorteil des sicherlich am Anfang zahlenmäßig unterlegenen *Homo sapiens sapiens* geführt. Die Gründe, die zum Verschwinden der Neandertaler zwischen 30 000 und 25 000 Jahren vor heute geführt haben, bleiben trotz zahlloser Erklärungsversuche immer noch im Dunkeln. Obwohl die Debatte sehr kontrovers geführt wird, herrscht doch Einigkeit in einem Punkt. Die Vorgänge, die sich in dieser Zeit abgespielt haben, sind mit Sicherheit sehr kompliziert und stehen miteinander im Zusammenhang. Die einfachen Erklärungsmodelle der Vergangenheit, nach denen eine in allen Punkten überlegene Menschenform, der *Homo sapiens sapiens*, eine neue Region in Besitz nahm und die Ureinwohner verdrängte, sind nicht länger haltbar. Die Neandertaler haben während ihrer über 100 000 Jahre währenden erfolgreichen Existenz auf der Tradition ihrer Vorfahren aufbauend, bemerkenswerte kulturelle Leistungen vollbracht. Sie waren in der Lage sich flexibel an unterschiedliche Lebensräume und klimatische Situationen anzupassen. Sich verschlechternde klimatische Bedingungen können daher als alleinige Ursache für ihr Verschwinden ausgeschlossen werden.

Als die ersten »modernen« Menschen in Europa eintrafen, begegneten sie den Neandertalern. Warum sollten sie diese als völlig andere Wesen gesehen haben? Sie waren selbstverständlicher Bestandteil ihrer Welt und ihnen sicherlich nicht so fremd wie uns. Für uns heutige »moderne« Menschen ist es offenbar eine ungeheure Vorstellung und beinahe eine Zumutung, mit anderen Menschenarten gleichzeitig zu existieren. Dabei war dies der Normalzustand in der menschlichen Evolution. Für den heutigen Betrachter scheint es immer noch schwierig zu begreifen, dass wir zurzeit im evolutionären Ausnahmezustand leben, seit vor ca. 30 000 Jahren der Neandertaler zu verschwinden begann. Dabei besteht noch lange kein Grund über den Neandertaler zu triumphieren. Ob es unserer Gattung und Art gut bekommen wird, ohne Konkurrenz zu existieren, wird sich vielleicht erst in 100 000 Jahren herausstellen.

DATIERUNGSMETHODEN IN DER ARCHÄOLOGIE

Es ist grundsätzlich zu unterscheiden zwischen relativer und absoluter Datierung:
Relative Datierungsmethoden vergleichen und bestimmen ›älter oder jünger als‹, absolute Datierungsmethoden bestimmen das Alter eines archäologischen Fundes.

Relative Datierungsmethoden

Stratigrafie

Archäologische Funde sind in geologische und archäologische Horizonte eingebettet. Bei einer Ausgrabung werden diese Schichten dokumentiert, indem z. B. Profile gezeichnet werden. Im Idealfall lagern sich jüngere über älteren Schichten ab, die obersten Schichten und die darin eingebetteten Objekte sind also jünger als die darunter liegenden. Es kann aber auch zu Störungen und Umkehrungen der Schichtenfolge kommen, die bei sorgfältiger Grabungsmethode erkannt werden.

Typologie

Basis der Typologie ist die Beobachtung, dass ein Produkt in einer bestimmten Region und zu einer bestimmten Zeit ein bestimmtes Design hat und dass Änderungen dieses Designs in eine Entwicklungsreihe gebracht werden können. Daher werden archäologische Artefakte nach Form und Verzierung bestimmt. Anhand bestimmter Kriterien werden typologische Reihen erstellt. Die Typologie liefert dadurch ein Gerüst, in das sich Neufunde einordnen lassen. Wenn die bekannten Typen darüberhinaus bereits mit anderen Methoden datiert wurden, ist auch für die Neufunde ein zeitlicher Rahmen gegeben.

Die Abfolge klimatisch unterschiedlicher Zeitabschnitte ergibt relative Chronologien auf lokaler, regionaler oder sogar globaler Ebene.

Chronologie des Eiszeitalters (= Pleistozän)

Bedingt durch ein weltweites Absinken der Temperatur vor etwa 2 Mio. Jahren begann ein Anwachsen der Gletscher auf der Nord- und Südhalbkugel. In den Eismassen war eine große Menge Wasser gebunden, was ein Absinken der Meeresspiegel zur Folge hatte.
Das Pleistozän ist gekennzeichnet durch mehrere Eisvorstöße *(Glaziale)* und -rückzüge *(Interglaziale)*, also Perioden kälteren und gemäßigteren Klimas.
Zusätzlich zu diesen Hauptperioden sind kleinere Klimaschwankungen bekannt.
Die verschiedenen Klimaperioden haben geologische Spuren hinterlassen: z. B. Lössanwehungen und Moränenbildungen während der Glaziale, Bodenbildungen während der Interglaziale. Diese geologischen Befunde können für verschiedene Regionen parallelisiert werden und ergeben eine Chronologie des Eiszeitalters.

Tiefseesedimentkernproben

Als Bohrkerne entnommene Ablagerungen der Ozeanböden stellen eine wichtige Dokumentation der Klimaveränderungen während der letzten 2 Mio. Jahre dar. Aus den Sedimenten lassen sich die Temperaturschwankungen der Ozeane herauslesen. Die Sedimente setzen sich vor allem aus den Gehäusen winziger Meerestiere (Foraminiferen) zusammen. Schwankungen im Anteil zweier Sauerstoffisotopen im Kalziumkarbonat dieser Gehäuse erlauben genaue Rückschlüsse auf die Meerestemperaturen zu Lebzeiten der Foraminiferen. Diese Temperaturschwankungen der Ozeane werden mit den Eisvorstößen und -rückzügen parallelisiert und bilden einen Rahmen für die Chronologie des Eiszeitalters. Infolge ihres Kohlenstoffgehaltes können die Foraminiferengehäuse mit verschiedenen chronometrischen Verfahren absolut datiert werden. So ergeben sich Zeitansätze für Kalt- und Warmzeiten, die zur Altersbestimmung der mit ihnen korrelierten archäologischen Funde beitragen.

Eiskerne

Wie die Tiefseesedimentkernproben liefern auch Bohrkerne der Eisdecken der Arktis und der Antarktis Daten über Klimaschwankungen der letzten Jahrtausende. Die Eisschilde bestehen aus jährlichen Ablagerungen, die abgezählt werden können.

Pollenanalyse

Blütenpollen sind sehr widerstandsfähig. Pollenproben werden mittels Kernbohrern aus Mooren und Seeablagerungen oder aus den Schichten archäologischer Grabungen entnommen. Die Analyse der Proben ergibt eine Rekonstruktion der Vegetation. Pollenprofile geben Rückschlüsse auf Umwelt- und Klimaveränderungen. Für Nordeuropa z. B. konnte die Vegetation der letzten 10 000 Jahre ermittelt und bestimmte Pollenzonen definiert werden.
Die Auswertung der Pollenproben einer bestimmten Fundstelle ermöglicht das Einhängen dieser Fundstelle in eine großräumige Pollenzonenabfolge und somit ihre Datierung.

Faunendatierung

Säugetiere waren in den letzten Millionen Jahren erheblichen Evolutionsprozessen unterworfen, neue Formen haben sich entwickelt und alte sind ausgestorben. Auf die Faunendatierung wird z. B. an südafrikanischen Australopithecinenfundstellen zurückgegriffen, wenn keine andere Datierungsmethode angewendet werden kann. Die Faunen einer bestimmten Fundschicht werden mit denen anderer, bereits absolut datierter Faunen verglichen.

Absolute Datierungsmethoden

Dendrochronologie (Baumringdatierung)

Baumstämme setzen jedes Jahr einen neuen Wachstumsring an. Die Breite dieser Ringe ist von klimatischen Gegebenheiten abhängig: In trockenen Jahren sind die Ringe schmal, in feuchten Jahren mit starkem Baumwachstum dagegen dick. So ergeben sich miteinander vergleichbare Jahresringmuster. Ausgehend von einem frisch gefällten Baum, dessen Jahresringmuster sich mit einem älteren Baum überschneidet usf. kann in der Zeit zurückgerechnet und so das Fälldatum eines prähistorischen Baumes bestimmt werden. Nach unten sind dieser Methode durch die Verfügbarkeit entsprechenden Holzes Grenzen gesetzt. Beispiele für dendrochronologische Abfolgen:
— Borstenkiefer, SW-USA: bis ca. 6500 v.Chr.
— Eiche, Irland: bis ca. 5500 v.Chr.
— Eiche, Deutschland: bis ca. 8000 v.Chr.
— Kiefer, Deutschland: bis ca. 9500 v.Chr.

Radiokarbondatierung (C14-Methode)

Kosmische Strahlen erzeugen bei ihrem Eintritt in die Erdatmosphäre Neutronen, die mit dem in der Luft enthaltenen Stickstoff 14 (N14) das radioaktive Kohlenstoff-Isotop C14 bilden. Das C14 gelangt zusammen mit dem nicht radioaktiven, gewöhnlichen Kohlenstoff C12 durch Photosynthese in den Stoffwechsel der Pflanzen und damit in die Nahrungskette tierischer Organismen. Ein toter pflanzlicher oder tierischer Organismus nimmt kein neues C14 mehr auf, das vorhandene C14 verstrahlt und zerfällt in den nicht radioaktiven Stickstoff N14. Ausgehend von einer bestimmten Halbwertszeit des C14 (5730 Jahre) sowie von einem konstanten Verhältnis der Kohlenstoff-Isotope C12 und C14, kann man durch Bestimmung der Anteile beider Isotopen in organischem Material dessen Alter feststellen. Das Radiokarbonalter wird z. B. mit 5200 ± 120 BP (before present) angegeben, als Konvention für ›present‹ gilt das Jahr 1950. Die Zeitspanne für zuverlässige Radiokarbondatierungen reicht bis etwa 50 000 Jahre.

Ein Problem stellt die Konstanz des Verhältnisses von C12 zu C14 dar. Heute ist bekannt, dass im Lauf der Zeit eine Isotopenverschiebung stattgefunden hat, infolge derer Radiokarbondaten ab etwa 1000 v. Chr. im Vergleich zu Kalenderdaten zu jung ausfallen. Die Abweichungen werden immer größer, je älter eine Probe ist. Bei 9000 BP beträgt die Abweichung bereits 950 Jahre. Von großer Bedeutung ist daher die Kalibration: Die Radiokarbondaten werden mit Hilfe der Dendrochronologie in Kalenderdaten (Sonnenjahre) umgerechnet.

Kalium-Argon-Datierung

Die Kalium-Argon-Datierung basiert wie die Radiokarbondatierung auf dem Prinzip des radioaktiven Zerfalls. Kalium 40 ist ein radioaktives Isotop des in den meisten Mineralien enthaltenen Elementes Kalium. Seine Halbwertzeit beträgt 1,3 Mrd. Jahre. Ein Zerfallsprodukt des K40 ist das Gas Argon. Die Altersbestimmung ergibt sich aus der Messung des im Gestein enthaltenen Argon im Vergleich zum noch nicht zerfallenen Kaliumisotop. Diese Methode wird v. a. bei Vulkangestein angewendet. Die frühen afrikanischen Hominidenfossilien werden meist über K/Ar datiert, da die Fundschichten lagenweise mit vulkanischem Tuff durchsetzt sind.

Uran-Thorium-Datierung (Uran-Serien-, Uran-Blei-Datierung)

Diese Datierungsmethode basiert auf dem radioaktiven Zerfall der Uran-Isotopen U238 und U235, die sich sich beim Zerfall in andere Elemente umwandeln (Th230 und Pa231); die Halbwertzeiten sind bekannt. Während das Ausgangsmaterial wasserlöslich ist, sind es die Endprodukte nicht. In Wasser gelöstes U238 und U235 kann z. B. in Höhlen eindringen und dort in Sinterablagerungen oder Stalagmiten gebunden werden, die zum Zeitpunkt ihrer Bildung keine Uran-Zerfallsprodukte enthalten. Die radioaktive Uhr beginnt abzulaufen und durch Messung der Ausgangs- und Zerfalls-Isotope kann das Alter der Kalkbildung bestimmt werden.

Die Methode wird für Th230 bis etwa 350 000 Jahre angewendet, für Pa231 bis in eine Zeittiefe von mehreren Millionen Jahren.

Thermolumineszenz-Datierung (TL-Datierung)

Die TL-Datierung beruht darauf, dass bestimmte Sedimenttypen Isotop-Beimengungen enthalten, durch deren Strahlung Elektronen eingefangen werden, die sich in den Unregelmäßigkeiten des Kristallgitters fangen. Die Zahl der eingefangenen Elektronen erhöht sich im Lauf der Zeit. Bei Erhitzung des Materials werden die Elektronen wieder frei und geben Energie in Form von Licht ab (TL = Wärmeleuchten). Je höher die Zahl der eingefangenen Elektronen, desto intensiver das Wärmeleuchten. Die Altersbestimmung erfolgt über das Verhältnis von akkumulierter zu jährlicher Dosis. Letztere wird aus den im Material und im umgebenden Sediment enthaltenen Isotopen berechnet. Die TL-Datierung erfolgt an Materialien, deren TL-Uhr irgendwann auf null gestellt wurde. Dies gilt für erhitzte Materialien: Keramik, gebrannte Steinwerkzeuge, aber auch Lössablagerungen (durch Sonneneinstrahlung). Diese Methode wird vor allem dafür eingesetzt, den Zeitraum zwischen 50 000 und 100 000 Jahren zu datieren. Der Präzision der Datierungen sind allerdings Grenzen gesetzt, das Alter einer Probe kann in der Regel nur mit einer Genauigkeit von ±10 % bestimmt werden.

Elektrospin Resonanz Datierung (ESR)

Eine Methode, die auf der Messung des Zerfalls von Elektronen basiert. Durch natürliche radioaktive Strahlung werden kristalline Materialien quasi beschossen und freie Elektronen werden aufgenommen. Die ESR Methode wird bei Fossilien vor allem an Zahnschmelz, meist von Tierzähnen, aber auch bei menschlichen Fossilfunden eingesetzt. Dabei wird gemessen, wie lange ein Objekt der natürlichen Strahlung ausgesetzt war. Bislang kann die Methode in einem Bereich bis ca. 3 Millionen Jahre eingesetzt werden. Das Problem bei Zähnen ist, dass diese dazu tendieren bei der Bodenlagerung große Mengen von Uran aufzunehmen. Voraussetzung für eine erfolgreiche Messung ist es daher, den Prozess dieser sekundären Uranaufnahme zu rekonstruieren.

Literatur

populär

Archäologie in Deutschland, Heft 2/1998: Schwerpunktthema Neandertaler. (Stuttgart)

D. Johanson/B. Edgar 1998: Lucy und ihre Kinder. (Heidelberg/Berlin)

E.-B. Krause (Hrsg.) 1999: Die Neandertaler. Feuer im Eis. (Gelsenkirchen-Schwelm)

M. Kuckenburg 1997: Lag Eden im Neandertal? Auf der Suche nach dem frühen Menschen. (Düsseldorf)

R. Leakey 1997: Die ersten Spuren. Über den Ursprung des Menschen. (München)

D. Mania 1998: Die ersten Menschen in Europa. Sonderheft Archäologie in Deutschland. (Stuttgart)

M. Meister 2001: Der verkannte Mensch. GEO 4, 22–53.

H. Müller-Beck (Hrsg.) 1983: Urgeschichte in Baden-Württemberg. (Stuttgart)

H. Müller-Beck 1998: Die Steinzeit. Der Weg der Menschen in die Geschichte. (München)

K.-J. Narr/G.-C. Weniger (Hrsg.) 2001: Der Neanderthaler und sein Entdecker: Johann Carl Fuhlrott und die Forschungsgeschichte. (Mettmann)

J. Orschiedt/B. Auffermann/G.-C. Weniger 1999: Familientreffen. Deutsche Neanderthaler 1856–1999. (Mettmann)

E. Probst 1991: Deutschland in der Steinzeit. Jäger, Fischer und Bauern zwischen Nordseeküste und Alpenraum. (München)

R.W. Schmitz/J. Thissen 2000: Neandertal. Die Geschichte geht weiter. (Heidelberg/Berlin)

C. Stringer/R. McKie 1996: Afrika – Wiege der Menschheit. (München)

I. Tattersall 1997: Puzzle Menschwerdung. Auf der Spur der menschlichen Evolution. (Berlin/Heidelberg)

I. Tattersall 1999: Neanderthaler. Der Streit um unsere Ahnen. (Basel)

G.-C. Weniger 2000: Projekt Menschwerdung. Streifzüge durch die Entwicklungsgeschichte des Menschen. (Heidelberg/Berlin)

Im Neandertal fing alles an

J. R. R. Drell 2000: Neanderthals: A history of interpretation. Oxford Journal of Archaeology 19.1, 1–24.

J. C. Fuhlrott 1859: Menschliche Ueberreste aus einer Felsengrotte des Düsselthals. Ein Beitrag zur Frage über die Existenz fossiler Menschen. Verhandlungen des naturhistorischen Vereins der preussischen Rheinlande und Westphalens 16, 131–153. (Bonn)

J. C. Fuhlrott, H. Schaaffhausen 1857: Verhandlungen des naturhistorischen Vereins der preussischen Rheinlande und Westphalens 14, 50–52. (Bonn)

W. King 1864: The reputed fossil man of the Neanderthal. The Quarterly Journal of Science, London, Vol. 1, 88–97.

C. Lyell 1863: The geological evidence of the antiquity of man. (London)

S. Moser 1998: Ancestral images. The iconography of human origins. (Stroud)

H. Schaaffhausen 1859 [1858]: Zur Kenntniss der ältesten Rasseschädel. Jahrbücher und Jahresbericht des Vereins für mecklenburgische Geschichte und Altertumskunde 24, 167–188. (Schwerin) [1858 erschienen in: Archiv für Anatomie, Physiologie und wissenschaftliche Niedlein 5, 453–478].

H. Schaaffhausen 1888: Der Neanderthaler Fund. (Bonn)

E. Trinkaus, P. Shipman 1993: Die Neandertaler. Spiegel der Menschheit. (München)

R. Virchow 1872: Untersuchung des Neanderthal-Schädels. Zeitschrift für Ethnologie 4, 157–165.

U. Zängl-Kumpf 1990: Herrmann Schaaffhausen (1816–1893). Die Entwicklung einer neuen physischen Anthropologie im 19. Jahrhundert. (Frankfurt)

Menschheitsgeschichte

L. Aiello, C. Dean 1990: An Introduction to Human Evolutionary Anatomy. (London)

J. L. Arsuaga, C. Lorenzo, I. Martinez, A. Gracai, J. M. Carretero, N. Garcia, L. Polin 2000: The Atapuerca human fossils. Human Evolution 15, 1/2, 75–82.

J. M. Bermudez de castro, J. L. Arsuaga, J. Rodriguez (Hrsg.): Atapuerca nuestros antecesores. (Madrid)

Die Evolution des Menschen. Spektrum der Wissenschaft, Dossier 3/2000.

C. Falgueres, J.-J. Bahain, Y. Yokoyama, J. L. Arsuaga, J. M. Bermudez de Castro, E. Carbonell, J. L. Bischoff, J. M. Dolo 1999: Earliest human in Europe: the age of TD6 Gran Dolina, Atapuerca, Spain. Journal of Human Evolution 37, 3/4, 343–352.

W. Henke, H. Rothe 1994: Paläoanthropologie. (Berlin)

W. Henke, H. Rothe 1999: Stammesgeschichte des Menschen. Eine Einführung. (Berlin)

D. Johanson, B. Edgar 1996: From Lucy to Language. (London)

R. G. Klein 1999: The Human Career. Human and Biological and Cultural Origins. (Chicago – London)

G. Manzi, F. Mallegni, A. Ascenzi 2001: A cranium for the earliest Europeans: Phylogenetic position of the hominid from Ceprano, Italy. Proccedings of the National Academy of Science 98/17, 10011–10016.

P. Mellars, C. Stringer (eds.) 1989: The Human Revolution. (Edinburgh)

P. Mellars (ed.) 1990: The Emergence of Modern Humans. (Edinburgh)

M. H. Wolpoff 1999: Paleoanthropology. (Boston)

Das Aussehen der Neandertaler

M. M. Gerassimow 1968: Ich suche Gesichter. (Gütersloh)

J. J. Hublin, F. Spoor, M. Braun, F. Zonneveld, S. Condemi 1996: A late Neandertal associated with Upper Paleolithic artefacts. Nature 381, 224–226.

M. Y. Iscan, R. P. Helmer (Hrsg.): Forensic Analysis of the Skull. Craniofacial Analysis, Reconstruction, and Identification. (New York)

A. J. Moran, A. T. Chamberlain 1997: The incidence of dorsal sulci of the scapula in a modern human population from Ensay, Scotland. Journal of Human Evolution 33/4, 521–524.

O. M. Pearson 2000: Postcranial Remains and the Origin of Modern Humans. Evolutionary Anthropology 229–247.

M. S. Ponce de Léon, C. Zollikofer 1999: New evidence from Le Moustier 1: Computer-assisted reconstruction and morphometry of the skull. The Anatomical Record 254, 474–489.

J. Prag, Richard Neave 1997: Making Faces. Using Forensic and Archaeological Evidence. (London)

C. Stringer, C. Gamble 1995: In Search of the Neanderthals. Solving the puzzle of Human Origins. (New York)

E. Trinkaus, P. Shipman 1993: Die Neandertaler. Spiegel der Menschheit. (München)

E.-M. Winkler 1988: Methoden der Weichteilrekonstruktion. In: R. Knußmann (Hrsg.) Handbuch der vergleichenden Biologie des Menschen. Wesen und Methoden der Anthropologie. Band 1. (Stuttgart, New York)

C. Zollikofer, M. Ponce de Léon: Computer-assisted Paleoanthropology (CAP), http://www.ifi.unizh.ch/staff/zolli/CAP/Start.htm

Wie lebten die Neandertaler?

P. Anderson-Gerfaud 1990: Aspects of behaviour in the Middle Palaeolithic: Functional analysis of stone tools from Southwest France. In: P. Mellars, (Hrsg.): The emergence of modern humans. An archaeological perspective (Edinburgh) 389–418.

N. Barton 2000: Mousterian Hearths and Shellfish: Late Neandertal Activities on Gibraltar. In: C. B. Stringer, R. N. E. Barton, J. C. Finlayson: Neanderthals on the edge (Oxford) 211–220.

T. D. Berger, E. Trinkaus 1995: Patterns of Trauma among the Neandertals. Journal of Archaeological Science 22, 841–852.

H. Bocherens/M. Fizet/A. Mariotte/B. Langer-Badre/ B. Vandermeersch/J.-P. Borel/G. Bellon, 1991: Isotopic biochemistry (13C, 15N) of fossil vertebrate collagen application to the study of a past food web including Neanderthal man. Journal of Human Evolution 20, 481–492.

H. Bocherens/H. Billiou/A. Mariotti/M. Toussaint/ M. Patou-Mathis/D. Bonjean/M. Otte 2001: New isotopic evidence for dietary habits of Neandertals from Belgium. Journal of Human Evolution 40.6, 497–505.

E. Boëda/J. M. Geneste/C. Griggo 1999: A Levallois point embedded in the vertebra of a wild ass (Equus africanus): hafting, projectiles and Mousterian hunting weapons. Antiquity 73, 394–402.

K. V. Boyle 2000: Reconstructing Middle Palaeolithic subsistence strategies in the South of France. International Journal of Osteoarchaeology 10, 336–356.

R. Busch u. H. Schwabedissen (Hrsg.) 1991: Der altsteinzeitliche Fundplatz Salzgitter-Lebenstedt. Die naturwissenschaftlichen Untersuchungen. Fundamenta A 11/II (Köln).

J.-M. Chauvet, É. Brunel Deschamps, C. Hillaire 1995: Grotte Chauvet. Altsteinzeitliche Höhlenkunst im Tal der Ardèche (Sigmaringen).

N. J. Conard/T. J. Prindiville 2000: Hunting economies of the Rhineland. International Journal of Osteoarchaeology 10, 286–309.

A. Defleur 1993: Les Sépultures Moustériennes. (Paris)

F. d'Errico, P. Villa 1997: Holes and grooves: the contribution of microscopy and taphonomy to the problem of art origins. Jounal of Human Evolution 33/1, 1–31.

F. d'Errico, P. Villa, A. C. Pinto Llona, R. Ruiz Idarraga 1998: A middle Paleolithic origin of music? Using cave-bear bone accumulations to assess the Divje Babe I bone »flute«. Antiquity 72, 65–79.

F. d'Errico & M. Soressi 2002: Systematic use of manganese pigment by Pech-de-l'Azé Neandertals: implications for the origin of behavioral modernity. Journal of Human Evolution 42/3, A13.

F. d'Errico, J. Zilhao, M. Julien, D. Baffier, J. Pelegrin 1998: Neanderthal acculturation in Western Europe? A critical review of the evidence and its interpretation. Current Anthropology 39, Supplement 1–44.

F. d'Errico & A. Nowell 2000: A new look at the Berekhat Ram Figurine: Implications for the Origins of symbolism. Cambridge Archaeological Journal 10/1, 123–167.

C. Farizy/F. David/J. Jaubert 1994: Hommes et Bisons du Paléolithique Moyen à Mauran (Haute Garonne). Gallia Préhistoire suppl. 30. (Paris)

J. Féblot-Augustins 1999: Raw material transport patterns and settlement systems in the European Lower and Middle Paleolithic: continuity, change and variability. In: W. Roebroeks/C. Gamble, C. 1999: The Middle Palaeolithic occupation of Europe (Leiden) 193–214.

C. Gamble 1999: The Palaeolithic societies of Europe (Cambridge).

S. Gaudzinski 1999: Knochen und Knochengeräte der mittelpaläolithischen Fundstelle Salzgitter-Lebenstedt (Deutschland). Jahrb. RGZM 45, 163–221

S. Gaudzinski 1999: The faunal record of the Lower and Middle Palaeolithic of Europe: remarks on human interference. In: Roebroeks, W., Gamble, C. 1999: The Middle Palaeolithic occupation of Europe (Leiden) 215–233.

S. Gaudzinski/W. Roebroeks 2000: Zur systematischen Verwertung der Jagdbeute im Mittelpaläolithikum. Ein Beitrag aus Salzgitter-Lebenstedt. Germania 78.2, 247–271.

J. M. Grünberg/H. Graetsch/U. Baumer/J. Koller 1999: Untersuchung der mittelpaläolithischen »Harzreste« von Königsaue, Ldkr. Aschersleben-Staßfurt. Jahresschrift für mitteldeutsche Vorgeschichte 81, 7–38.

H.-D. Kahlke 1981: Das Eiszeitalter (Köln).

Kleber aus der Urzeit. In: Geo 5/2001, 215–217.

J. Klostermann 1999: Das Klima im Eiszeitalter. (Stuttgart)

J. Kolen, 1999: Hominids without homes: on the nature of Middle Palaeolithic settlement in Europe. In: Roebroeks, W., Gamble, C. 1999: The Middle Palaeolithic occupation of Europe (Leiden) 139–175.

H. Küster 1995: Geschichte der Landschaft in Mitteleuropa. Von der Eiszeit bis zur Gegenwart. (München)

G. Lang 1994: Quartäre Vegetationsgeschichte Europas. (Jena, Stuttgart, New York).

A. Leroi-Gourhan 1999: Shanidar et ses fleurs. Paléorient 24/2, 79–88.

H. Liedtke (Hrsg.) 1990: Eiszeitforschung. (Darmstadt)

J. Orschiedt 1999: Manipulationen an menschlichen Skelettresten. Taphonomische Prozesse, Sekundärbestattungen oder Kannibalismus? Urgeschichtliche Materialhefte 13 (Tübingen).

L. Owen 1992: Der Gebrauch von organischen Materialien bei den Indianern und Inuit und seine Bedeutung für die Urgeschichte. Ethnogr.- Archäol. Z. 33, 25–34.

A. Pastoors 2001: Die mittelpaläolithische Freilandstation. Genese der Fundstelle und Systematik der Steinbearbeitung. Salzgitter-Forschungen 3. (Salzgitter)

M. Patou-Mathis 2000: Neanderthal subsistence behaviours in Europe. International Journal of Osteoarchaeology 10, 379–395.

P. B. Pettitt 2000: Neanderthal lifecycles: Developmental and social phases in the lives of the last archaics. World Archaeology 31/3, 351–366.

D. Peyrony 1934: La Ferrassie. Moustérien, Périgordien, Aurignacien. Préhistoire 3, 1–92.

M. Piperno u. G. Scichilone (eds.) 1991: The Circeo Neandertal skull. Studi e Documenti. Museo Nazionale Preistorico Etnografico Luigi Pigorini (Roma) 423–455.

M. P. Richards/P. B. Pettitt/M. C. Stiner/E. Trinkaus 2001: Stable isotope evidence for increasing dietary breadth in the European mid-Upper Paleolithic. Proceedings of the National Academy of Science 98.11, 6528–6532.

W. Roebroeks/C. Gamble (Hrsg.) 1999: The Middle Palaeolithic occupation of Europe (Leiden).

M. D. Russell 1987 a: Bone breakage in the Krapina hominid collection. American Journal of Physical Anthropology 72, 373–379.

M. D. Russell 1987 b: Mortuary practices at the Krapina neandertal site. American Journal of Physical Anthropology 72, 381–397.

J. J. Shea 1997: Middle Paleolithic spear point technology. In: Knecht, H. 1997: Projectile Technology (New York) 79–106.

J. D. Sommer 1999: The Shanidar IV »Flower burial«: a reevaluation of Neanderthal burial ritual. Cambridge Archaeological Journal 9/1, 127–137.

L. Steguweit 1999: Intentionelle Schnittmarken auf Tierknochen von Bilzingsleben – Neue Lasermikroskopische Untersuchungen. Praehistoria Thuringica 3, 64–79.

M. C. Stiner 1991: The faunal remains from Grotta Guattari: a taphonomic perspective. Current Anthropology 32, 103–117.

H. Thieme 1999: Altpaläolithische Holzgeräte aus Schöningen, Lkr. Helmstedt. Germania 77.2, 451–487.

H. Thieme/S. Veil 1985: Neue Untersuchungen zum eemzeitlichen Elefanten-Jagdplatz Lehringen, Ldkr. Verden. Die Kunde N. F. 36, 11–58.

A. Tode 1982: Der Altsteinzeitliche Fundplatz Salzgitter-Lebenstedt. Archäologischer Teil. Fundamenta A 11/I (Köln).

E. Trinkaus 1985: Cannibalism and burial at Krapina. Journal of Human Evolution 14/2, 203–216.

E. Trinkaus 1995: Neanderthal Mortality Patterns. Journal of Archaeological Science 22, 121–142.

H. Ullrich 1958: Neandertalerfunde aus der Sowjetunion. In: G. H. R. von Koenigswald (Hrsg.) Hundert Jahre Neanderthaler 1856–1956. (Köln, Graz) 72–106.

H. Ullrich 1978: Kannibalismus und Leichenzerstückelung beim Neandertaler von Krapina. In: M. Malez (ed.) Krapinski Pracovjek i Evolucija Hominida (Zagreb), 293–318.

P. Villa/F. d'Errico 2001: Bone and ivory points in the Lower and Middle Paleolithic of Europe. Journal of Human Evolution 41, 69–112.

T. D. White u. N. Toth 1991: The question of ritual cannibalism at Grotta Guattari. Current Anthropology 32, 103–138.

Das Ende der Neandertaler

O. Bar-Yosef und D. Pilbeam (Hrsg.) 2000: The Geography of Neandertals and Modern Humans in Europe and the Greater Mediterranean. Peabody Museum Bulletin 8. (Cambridge, Massachusetts)

J.-P. Bocquet-Appel; P. Y. Demars 2000: Neanderthal contraction and modern human colonization of Europe. Antiquity 74, 544–552.

S. E. Churchill, F. H. Smith 2000: Makers of the Early Aurignacien of Europe. Yearbook of Physical Anthropology 43, 61–115.

F. d'Errico, J. Zilhao, M. Julien, D. Baffier, J. Pelegrin 1998: Neanderthal acculturation in Western Europe? A critical review of the evidence and its interpretation. Current Anthropology 39, Supplement 1–44.

C. Duarte, J. Mauricio, P. B. Pettitt, P. Souto, E. Trinkaus, H. van der Pflicht, J. Zilhao 1999: The early Upper Paleolithic human skeleton from the Abrigo do Lagar Velho (Portugal) and modern human emergence in Iberia. Proceedings of the National Academy of Science USA 96, 7604–7609.

I. Karavanic 2000: Olschewian and Appearance of Bone Technology in Croatia and Slovenia. In: J. Orschiedt, G. C. Weniger (Hrsg.) Neanderthals and modern humans – Discussing the Transition. Central and Eastern Europe from 50000–30000 B. P. Wissenschaftliche Schriften des Neanderthal Museums 2 (Mettmann) 159–168.

J. Orschiedt, G.-C. Weniger (Hrsg.) 2000: Neanderthals and modern humans – Discussing the Transition. Central and Eastern Europe from 50000–30000 B. P. Wissenschaftliche Schriften des Neanderthal Museums 2 (Mettmann)

P. B. Pettitt 1999: Disappearing from the World: An archaeological perspective on Neanderthal extinction. Oxford Journal of Archaeology 18/3, 217–240.

J. Richter 1998: Das Ende einer Menschenform. Archäologie in Deutschland 2, 34–39.

F. H. Smith, E. Trinkaus, P. B. Pettitt, I. Karavanic, M. Paunovic 1999: Direct radiocarbon dates for Vindija G1 and Velika Pecina Late Pleistocene hominid remains. Proceedings of the National Academy of Science 96/22, 12281–12286.

C. B. Stringer, R. N. Barton, J. C. Finlayson (Hrsg.) 2000: Neanderthals on the Edge. Papers from a conference marking the 150th anniversary of the Forbes' Quarry dicovery, Gibraltar. (Oxford)

J. Zilhao, F. d'Errico 1999: The chronology and taphonomy of the earliest Aurignacien and its implications for the understanding of Neandertal extinction. Journal of World Prehistory 13/1, 1–68.

Glossar

archaischer *Homo sapiens*

Mit diesem Begriff werden alle Vorfahren des anatomisch modernen Menschen *(Homo sapiens sapiens)* bezeichnet, die morphologisch nicht mehr zu *Homo erectus* zu rechnen sind. Teilweise wird diese Bezeichnung vor allem im angloamerikanischen Raum durch *Homo heidelbergensis* abgelöst. Die exakte Einordnung vieler dieser Fossilien wird durch eine starke Merkmalsmischung erschwert, die zum Teil noch deutliche Kennzeichen des *Homo erectus* aber auch der Neandertaler und sogar des anatomisch modernen Menschen erkennen lässt.

Ardipithecus ramidus (kaddaba)

Diese Fossilfunde wurden nach ihrer Entdeckung 1992 zunächst der Gattung *Australopithecus* zugerechnet. Diese Zuweisung wurde später korrigiert und ein eigener Gattungsname vergeben (Ardi = Boden; ramid = Wurzel). Wie bei vielen anderen Fossilien auch wurde die stammesgeschichtliche Einordnung der Funde anhand von Zahn- und Kiefermerkmalen vorgenommen. In den Jahren 1994 und 1995 wurde ein beinahe vollständiges, aber stark fragmentiertes Skelett von *Ar. ramidus* entdeckt, von dem bislang nur wenig bekannt ist. Im Jahre 2001 wurden weitere Funde gemacht, die aufgrund morphologischer Unterschiede zu den schon bekannten Fossilien der Unterart *kaddaba* zugerechnet wurden.

Aurignacien

Eine frühe jungpaläolithische Industrie, die nach der Höhlenfundstelle Aurignac in den französischen Pyrenäen benannt ist. Das Aurignacien wird zeitlich zwischen 40 000 und 29 000 Jahren vor heute eingestuft. Es ist charakterisiert durch das gehäufte Auftreten von Knochen- und Geweihspitzen sowie der Klingentechnologie. Von großer Bedeutung sind die ab 30 000 Jahre vor heute belegte Wand- und Kleinkunst. Es ist im gesamten Mitteleuropa sowie in West- und Südeuropa verbreitet.

Australopithecinen

Der Gattungsname (australo = südlich; pithecus = Affe) wurde 1925 von dem südafrikanischen Anatom Raymond Dart nach dem Fund des Kindes von Taung geprägt, das er der Gattung *Australopithecus* und der Art *africanus* zuschrieb. Die Gattung ist traditionell vor allem mit dem aufrechten Gang und einer Vielzahl von äffischen Merkmalen charakterisiert.

Australopithecus afarensis

Der Artname wurde 1978 nach der Entdeckung des berühmten Teilskelettes »Lucy« in der äthiopischen Afar-Region vergeben. Obwohl sich mittlerweile zahlreiche andere Arten als älter und ebenfalls als zweibeinig fortbewegend herausgestellt haben, besitzt *A. afarensis* noch immer eine Schlüsselposition im menschlichen Stammbaum

Australopithecus africanus

Die von Raymond Dart in den zwanziger Jahren nach dem Fund des Kinderschädels von Taung benannte Art *africanus* ist die älteste der immer zahlreicher werdenden *Australopithecus*-Arten. Nachdem sowohl die Art als auch die Gattung stark umstritten waren konnte Robert Broom erst 1947 anhand des Fundes von »Mrs. Ples« einen Schädel eines ausgewachsenen Vertreters dieser Gattung finden und die Einordnung von Dart nachträglich bestätigen.

Australopithecus anamensis

Eine eigenständige Art der Gattung *Australopithecus*, die 1994 nach Funden in Nordkenia in der Nähe des Turkanasees definiert wurde (anam = See). Eine Abgrenzung zu der ähnlichen Art *afarensis* erfolgte vor allem durch Kiefer- und Zahnmerkmale. Die herausragende Bedeutung dieser Art besteht in einer einmaligen Mischung aus affen- und menschenähnlichen Merkmalen.

Australopithecus bahrelghazali

Diese Australopithecinenart wurde 1996 nach Funden im heutigen Tschad in einem Flussbett (Bahr el Ghazal) beschrieben. Auch wenn die Position als eigenständige Art heute noch immer umstritten ist, liegt die große Bedeutung des Fundes in einer Erweiterung des angenommenen Verbreitungsgebietes der Australopithecinen vom ostafrikanischen Rift Valley aus um ca. 2500 Kilometer nach Westen.

Australopithecus garhi

Diese Australopithecinenart wurde erst 1999 entdeckt und soll ein Bindeglied zwischen den Gattungen *Australopithecus* und *Homo* repräsentieren. Die genaue Position dieser Art im menschlichen Stammbaum ist jedoch zur Zeit noch nicht eindeutig zu bestimmen.

Biospezies

Mit diesem Begriff wird eine Gruppe von Individuen oder eine Population bezeichnet, die durch Kreuzung fortpflanzungsfähige Nachkommen hervorbringen. Die »Art« wird danach als potentielle Fortpflanzungsgemeinschaft angesehen.

Chatelperronien

Die früheste jungpaläolithische Industrie, die sich zeitlich mit dem Aurignacien überschneidet. Sie ist lediglich in Frankreich und Nordspanien verbreitet. In anderen Regionen kommen andere zum Teil ähnliche Übergangsindustrien vor. Das Chatelperronien, das nach der Fundstelle Grotte des Fées bei Chatelperron benannt ist, zeichnet sich einerseits durch das Vorkommen typischer jungpaläolithischer Elemente wie Knochen-, Geweih- und Elfenbein – Werkzeuge, Klingen und Schmuck aus. Andererseits weisen Inventare des Chatelperronien noch einen deutlichen Anteil mittelpaläolithischer Technologie wie das Vorkommen der Levalloistechnik auf. Der Fund der Bestattung von Saint Césaire in Chatelperronien-Schichten belegt die Zugehörigkeit dieser Technologie zu den Neandertalern.

Fossilreport

Die Gesamtzahl der entdeckten menschlichen oder menschenähnlichen Überreste.

Gattung *Homo*

Die Art Mensch. Ihr Beginn wird mit *Homo habilis* vor ca. 2,5 Millionen Jahren angesetzt.

Hominide
Der Begriff bezeichnet die Familie der Menschen und menschenähnlichen Arten. Hierzu zählen nicht nur die Vertreter der Gattung *Homo*, sondern auch die Arten *Australopithecus, Ardipithecus* und vermutlich auch *Orrorin*.

Homo erectus
Nach den Funden des Niederländers Eugène Dubois 1891 auf der Insel Java wurde von ihm die Bezeichnung *Pithecanthropus erectus* (aufrechtgehender Affenmensch) eingeführt, die in den fünfziger Jahren zu *Homo erectus* verändert wurde. Mittlerweile bezeichnen viele Paläoanthropologen lediglich die asiatischen Funde als *Homo erectus*, für die afrikanischen Funde hat sich die Bezeichnung *Homo ergaster* eingebürgert.

Homo ergaster
Vor einigen Jahren wurde für die afrikanischen Funde von *Homo erectus* die Bezeichnung *Homo ergaster* eingeführt. Begründet wurde dies mit zahlreichen morphologischen Unterschieden zwischen den afrikanischen und asiatischen Funden, die nach Meinung einiger Paläoanthropologen eine Aufspaltung in zwei Arten rechtfertigen.

Homo habilis
Die Bedeutung des Namens »geschickter Mensch« weist auf die Fähigkeit dieser frühen Vertreter unserer Gattung hin, Werkzeuge herzustellen. *Homo habilis* wurde nach einem Fund im Jahre 1960 in der ostafrikanischen Olduvai Schlucht von Louis Leakey definiert. *Homo habilis* unterscheidet sich von den Australopithecinen vor allem durch einen größeren Gehirnschädel und moderne Zahn- und Kiefermerkmale. Für seine enge Verwandtschaft zu den Australopithecinen sprechen seine affenähnlichen Körperproportionen, vor allem die im Verhältnis zu den Beinen sehr langen Arme.

Homo heidelbergensis
Mit dieser Bezeichnung, die auf den Unterkiefer von Mauer bei Heidelberg zurückgeht, werden in Afrika und Europa Fossilfunde benannt, die eine morphologische Weiterentwicklung von *Homo erectus* darstellen. Die Funde dieser Art zeichnen sich unter anderem durch eine starke Variabilität aus, und stellen mit ihren archaischen und progressiven Merkmalen eine Zwischenstufe in der Entwicklung von *Homo erectus/ergaster* zum Neandertaler bzw. zum anatomisch modernen Menschen dar.

Homo rudolfensis
Diese Art, die in den achtziger Jahren definiert wurde, ist annähernd zeitgleich mit *Homo habilis* ebenfalls in Ostafrika verbreitet. Bei der Definition stützt man sich hauptsächlich auf Funde, die ursprünglich zu *Homo habilis* gerechnet wurden. Mittlerweile gehen die meisten Paläoanthropologen davon aus, dass es noch mehr Arten der Gattung *Homo* zu dieser Zeit gegeben haben könnte. Von welcher dieser Arten die direkte Abstammungslinie zu dem späteren *Homo ergaster/Homo erectus* verläuft, ist derzeit noch unklar.

Homo sapiens sapiens
Die wissenschaftliche Bezeichnung für den heutigen anatomisch modernen Menschen (*sapiens* = weise). Die Schreibweise des Namens mit Gattung, Art und Unterart bezieht sich auf die in den sechziger Jahren eingeführte Einstufung des Neandertalers als Unterart von *Homo sapiens*. Da viele Paläoanthropologen mittlerweile von einer Einstufung in unterschiedlichen Arten ausgehen, wird heute wieder häufig die Bezeichnung *Homo sapiens* verwendet.

Jungpaläolithikum
Der jüngere Abschnitt der Altsteinzeit, dessen Beginn üblicherweise um 40000 angesetzt wird und mit dem Ende der Eiszeit um 10000 endet. Technologisch ist es durch das Auftreten von Knochen-, Geweih- und Elfenbeinspitzen, Klingen, Sticheln, Schmuck sowie Wand- und Kleinkunst charakterisiert. Als frühes Jungpaläolithikum werden das Chatelperronien oder andere Übergangsindustrien sowie das Aurignacien bezeichnet, das mittlere Jungpaläolithikum wird durch das nur in Süd- und Westeuropa auftretende Solutréen und das Gravettien bestimmt. Das späte Jungpaläolithikum ist durch das Magdalénien charakterisiert. An dieses schließt das Spätpaläolithikum mit verschiedenen lokalen Industrien an. Klimatisch ist die Zeit durch die Würm-Eiszeit (Würm III und IV) geprägt, deren Kältemaximum um 20000 liegt. Abgesehen von kürzeren Phasen einer Zwischeneiszeit mit gemäßigtem feuchten Klima herrschte kaltes und trockenes Klima vor.

Kenyanthropus platyops
Eine jüngst definierte Gattung und Art (*platus* = flach; *opsis* = Gesicht – flachgesichtiger Keniamensch), die auf die Entdeckung eines stark deformierten aber annähernd vollständigen Schädels in Kenia zurückgeht. Das Fossil unterscheidet sich von den zeitgleichen Australopithecinen und weist mit seinem flachen und breitem Gesicht Ähnlichkeiten mit dem späteren *Homo rudolfensis* auf. Es könnte sich bei dieser Art um einen Vorfahren der frühen Vertreter der Gattung *Homo* handeln.

Levalloistechnik
Die typische mittelpaläolithische Steinbearbeitungstechnologie, die nach einem Fundort in einem Vorort von Paris benannt ist. Sie beinhaltet eine aufwendige Präparation des Kernsteines, bevor ein Abschlag durch einen gezielten Schlag gewonnen werden kann. Die so gewonnenen Abschläge sind häufig sehr groß und dünn.

Micoquien
Eine frühe mittelpaläolithische Industrie, die im Eem und im frühen Abschnitt der Würm- oder Weichsel-Eiszeit auftritt (ca. 130000–70000 vor heute). Technologisch ist das Micoquien durch das Auftreten bestimmter asymmetrischer Faustkeilformen (Faustkeilmesser) charakterisiert.

Mittelpaläolithikum
Der mittlere Abschnitt der Altsteinzeit, der um ca. 200000 beginnt und um 30000 vor heute endet. In der Regel wird diese Technologie mit den Neandertalern assoziiert, obwohl im Nahen Osten eindeutig frühe anatomisch moderne Menschen um 90000 vor heute vorkommen, die ebenfalls Träger des Mittelpaläolithikums waren. Das europäische Mittelpaläolithikum wird auch als Moustérien bezeichnet, nach der französischen Fundstelle Le Moustier. Technologisch ist das

Mittelpaläolithikum durch die häufig mit der Levalloistechnik hergestellten Abschläge und durch das häufige Vorkommen von Schabern charakterisiert. Klimatisch ist es durch den späten Abschnitt der Riß- oder Saale-Eiszeit, das Interglazial Eem und den unteren Abschnitt der Würm- oder Weichsel-Eiszeit gekennzeichnet. Im späten Abschnitt des Mittelpaläolithikums entwickeln sich in Europa Übergangsindustrien, die bereits Kennzeichen des späteren Jungpaläolithikums tragen.

Neandertaler

Der Name geht auf die Bezeichnung des irischen Wissenschaftlers William King zurück, der den namengebenden Fund aus dem Neandertal als *Homo neanderthalensis* benannte. Die heutigen wissenschaftlichen Bezeichnungen *Homo sapiens neanderthalensis* oder *Homo neanderthalensis* berücksichtigen die unterschiedliche Einschätzung der Verwandtschaft zum anatomisch modernen Menschen, die sich zwischen der einer eigenen Art oder lediglich einer Unterart bewegt.

Ontogenie

Die biologische Entwicklung des einzelnen Individuums, die mit der Befruchtung der Eizelle beginnt und den gesamten Lebenslauf umfasst.

Orrorin tugenensis

Eine weitere neu definierte Gattung und Art, die auf Funde aus dem Jahr 2000 zurückgeht. In der Presse wurde der Fund daher als »Millennium Man« bezeichnet (*Orrorin* = ursprünglicher Mensch, *tugenensis* = Fundregion). Außergewöhnlich ist der frühe Nachweis der zweibeinigen Fortbewegung bei einer Datierung um 6 Millionen Jahre. Die Gattung *Orrorin* unterscheidet sich von den späteren Australopithecinen und soll Merkmale einer Verwandtschaft mit der Gattung *Homo* zeigen. Dies würde bedeuten, dass die Entwicklungslinie zum Menschen nicht über die Australopithecinen verläuft, eine Ansicht die erst noch durch weitere Funde bestätigt werden muss.

Paläoanthropologie

Diese Wissenschaft befasst sich mit dem Ursprung und der Entwicklung des Menschen sowie der Rekonstruktion von Verwandtschaftslinien. Sie stützt sich dabei auf Fossilfunde, die im Zusammenhang mit Ergebnissen aus verschiedenen Forschungsdisziplinen im Sinne einer evolutionsbiologischen Rekonstruktion der Menschwerdung interpretiert werden.

Paranthropus

Eine ebenfalls gebräuchliche Bezeichnung für die robusten Australopithecinen (*Para* = fast; *anthropus* = Mensch), die 1938 von dem südafrikanischen Paläontologen Robert Broom definiert wurde.

Phrenologie

Eine im 19. Jahrhundert entstandene und bald darauf widerlegte Theorie, nach der anhand der Schädelform Rückschlüsse auf die individuelle Intelligenz und den Charakter gezogen werden können.

Phylogenie

Die stammesgeschichtliche Entwicklung des Menschen, auch als Abstammungslehre bezeichnet.

Sekundärbestattung

Eine Bestattungsform, bei der die Skelettreste eines oder mehrerer Menschen nach einer primären Bestattung exhumiert oder eingesammelt und anschließend erneut bestattet werden.

Stammbaum (des Menschen)

Darstellung der verwandtschaftlichen und zeitlichen Beziehungen der einzelnen Vorfahren des anatomisch modernen Menschen.

Bildnachweis

Dieter Auffermann: 35, 37, 38, 39, 40, 53o, 53m, 54o, 59, 61, 62, 76 (2), 85, 86o, 86m; Dieter Auffermann nach Gamble 1999: 50u, 51, 52; Boeda et al. 1999, 399: 58u; Aus M. Boule 1913: 73o; David L. Brill: 18o, 21m; CNRS Ethnologie Préhistorique: 69o, 69mo, 69u; Francesco D'Errico: 56ul; Thomas Ernsting/Bilderberg: 83; Aus D. Garrod & D. Bate 1937: 79u; GEO: 30, 49; Institut für Ur- und Frühgeschichte und Archäologie des Mittelalters, Abteilung für Ältere Urgeschichte und Quartärökologie, Universität Tübingen: 53ur, 56u; Instituto Italiano di Paleontologia Umana: 80o; Instituto Italiano di Paleontologia Umana, Giorgio Manzi: 29u; Instituto Portugués de Arqueologia: 92; International Research Center for Japanese Studies, Kyoto, Takeru Akazawa: 77u, 79o; Oliver Iserloh: 24o, 29o; Ivor Karavanic: 87; Alfons & Adrie Kennis: 46 (2); Landesamt für Archäologie Sachsen-Anhalt/Landesmuseum für Vorgeschichte: 55m; André Leroi-Gourhan: 69mu; Aus C. Lyell 1867: 12u; M. Meier, Niedersächsisches Landesamt für Denkmalpflege: 57m; Neanderthal Museum, Mettmann: 9o, 9m, 11 (3), 12o, 12m, 13 (2), 14 (2), 15, 16 (4), 17o, 17u, 23, 28u, 43o, 45 (5), 47 (3), 48, 54u, 55u, 57o, 60o, 95; Niedersächsisches Landesmuseum Hannover: 58o; Jörg Orschiedt: 57u, 64, 72o, 73u, 75, 82m; Jörg Orschiedt mit freundlicher Genehmigung von Bernhard Vandermeersch: 74o; Osteologische Sammlung der Universität Tübingen, Alfred Czarnetzki: 10o; Andreas Pastoors: 56o, 56m; Aus D. Peyrony 1934: 68; D. Peyrony 1909: 72u. Burkhardt Pfeifroth: 50o; Sibylle Pietrek: 10u, 17m, 18m, 20, 21u, 22 (2), 26o, 27 (2), 28o, 31 (2), 36 (2), 66u, 74m, 74u, 77o, 78, 82o; Gisela Schulte-Dornberg: 60u; Scientific Films/Madrid, Javier Trueba: 24u, 26u; Stadtmuseum Düsseldorf: 9u; Ulrich Stodiek: 55o; Aus H. Suzuki 1971: 81; Erik Trinkaus: 65 (2), 66o, 66m, 67; Universität Zürich-Irchel, Anthropologisches Institut und Museum, Marcia Ponce de Léon u. Christoph Zollikofer: 41, 42 (4), 43u, 44; Université de Poitiers, Laboratoire de Geobiologie, Biochronologie et Paléontologie Humaine, Michel Brunet: 21o; University of Turin, G. Giacobini und University of Naples, M. Piperno 1991: 80u; Württembergisches Landesmuseum Stuttgart: 86u.

Internet-Tipps

Internet-Links zum Thema Neandertaler und Menschheitsentwicklung

Viele der hier aufgeführten Seiten bieten weitere Links zu Spezialthemen (Stand Mai 2002)

Neanderthal Museum
www.neanderthal.de
    Das Neanderthal Museum (deutsch/englisch)

Neandertals: A Cyber Perspective
http://sapphire.indstate.edu/~ramanank/index.html
    Umfassende Übersicht zum Thema Neandertaler (englisch, spanisch)

Neanderthals and Modern Humans
www.neanderthal-modern.com
    umfassende Informationen zum Übergang Neanderthaler/moderner Mensch (englisch)

Musée de l'Homme de Neanderthal
www.neandertal-musee-lcas.org
    Museum der Neandertaler-Fundstelle La Chapelle-aux-Saints (französisch/englisch)

La Grotte de Spy
http://user.online.be/~odb000532
    Die belgische Neandertaler-Fundstelle Spy bei Namur (französisch)

Paleoanthropology Links
www.talkorigins.org
    zahlreiche Links zur Menschheitsentwicklung unter anderem auch zu Neandertalern (englisch)

Ape.man Adventures in Human Evolution
www.bbc.co.uk/science/apeman
    Übersicht über das Thema Menschheitsentwicklung (englisch)

Computer-assisted Paleoanthropology
www.ifi.unizh.ch/staff/zolli/CAP/Main.htm
    Computer-unterstützte Paläoanthropologie (englisch)

Cool Neanderlinks
http://members.tripod.com/~kebara/referencelinks.html
    Sammlung verschiedener Links zum Thema Neandertaler (englisch)

Allgemein zum Thema Archäologie

Archäologie Online
www.archaeologie-online.de
    Zeitschrift für Archäologie im Internet

Archäologisch. Die Zeitschrift für Archäologie im Internet
www.archaeologisch.de
    Zeitschrift für Archäologie im Internet

Archäologie in Deutschland
www.theiss.de/AiD/
    Homepage der Zeitschrift Archäologie in Deutschland

NEANDERTHAL MUSEUM

Mehr über die Neandertaler und über die Menschheitsgeschichte erfahren Sie im Neanderthal Museum in Mettmann.

Das Neanderthal Museum ist ein multimediales Erlebnismuseum. Neben der Präsentation von Exponaten, Texten und Inszenierungen dienen Hörtexte, Filme und interaktive PC's der Vertiefung. Der legendäre Ort Neandertal ist Veranlassung, die Entwicklungsgeschichte der Menschheit zu erzählen – von den Anfängen in den afrikanischen Savannen bis in die Gegenwart.

Der Gang durch das Museum beginnt mit dem Einführungsraum, in dem zunächst die Geschichte des Neandertals und die Fundgeschichte des Neandertalerskelettes präsentiert werden. Im zweiten Teil des Einführungsraumes werden die entscheidenden Abschnitte der Menschheitsgeschichte erstmals vorgestellt. Diese Zeitabschnitte werden auch in den folgenden Themenbereichen »Leben und Überleben«, »Werkzeug und Wissen«, »Mythos und Religion«, »Umwelt und Ernährung« sowie »Kommunikation und Medien« aufgegriffen. So wird in jedem Themenbereich ein chronologischer Abriss der Humanevolution gegeben.
In jeder räumlichen Einheit bilden die Neandertaler einen Schwerpunkt der Präsentation: Sie werden durch lebensechte Figuren verkörpert. Neandertalerfrauen, -männer und -kinder stehen und sitzen dem Besucher in Lebensgröße gegenüber. Sie sind anhand von Schädelabgüssen mit neuesten Verfahren rekonstruiert worden und repräsentieren individuelle anthropologische Funde.

Und draußen:

Vom Museum führt ein als Zeitachse angelegter Weg zur Fundstelle des Neandertalers. Die Feldhofer Grotte ist für immer verloren. Doch die zurückhaltende Neugestaltung des Ortes erlaubt es, seinem Mythos nachzuspüren.

Lese- und Audiotexte informieren entlang des Weges und an der Fundstelle über die Geschichte des Neandertals und die Fundgeschichte des Neandertalers.

In der Steinzeitwerkstatt des Neanderthal Museums werden diverse Veranstaltungen zur Didaktik der Steinzeit angeboten: Vorführungen steinzeitlicher Grundtechniken, Mitmachaktionen für Kinder und Erwachsene, Ferienveranstaltungen, Erlebnisgeburtstage, Wochenendseminare zum Bau von Jagdwaffen nach prähistorischem Vorbild.

Zwischen Museum und Steinzeitwerkstatt verläuft der Skulpturenpfad Menschenspuren. Mit ihren Arbeiten haben die Künstlerinnen und Künstler über die Endlichkeit menschlicher Schöpfungen reflektiert und über die Frage, welche Spuren zurück bleiben. Ausgangs- und Endpunkt des Pfades ist der Erlebnisspielplatz am Düsselufer gegenüber dem Museum.

Im Wildgehege werden Auerochsen, Wisente und Wildpferde – Tiere, die zur Jagdbeute der Neandertaler zählten – artgerecht in großen Freigehegen gehalten.

Anmeldung von Führungen durch das Museum, zur Fundstelle oder um das Wildgehege und von Veranstaltungen in der Steinzeitwerkstatt: unter Tel. 02104/979715,
e-mail: fuehrung@neanderthal.de.

NEANDERTHAL MUSEUM
Talstraße 300, 40822 Mettmann

Tel. 02104/979797
Fax 02104/979796
e-mail: museum@neanderthal.de
www.neanderthal.de

Öffnungszeiten:
Di–So 10–18 Uhr, Mo geschlossen
(außer Oster- und Pfingstmontag)

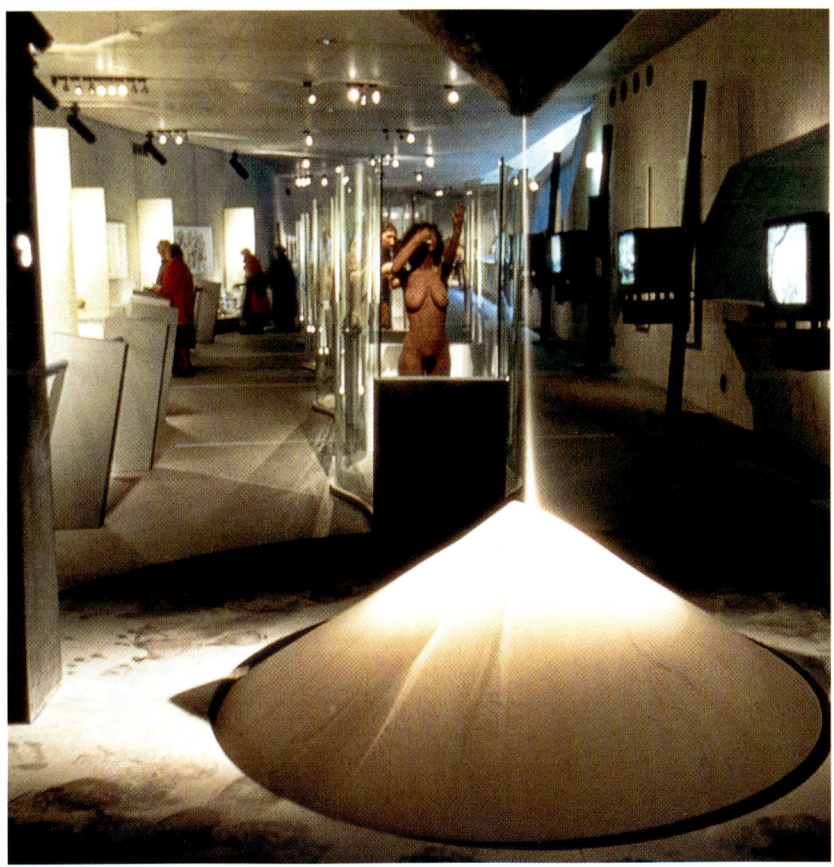

Danksagung

Wir danken dem Neanderthal Museum für die Erlaubnis zur Nutzung des Bildarchives, und dort Gisela Schulte-Dornberg für die Mitarbeit an der Bildrecherche. Martin Meister und der GEO-Bildredaktion danken wir für die Genehmigung, Verbreitungskarten zu verwenden. Wir danken Sibylle Pietrek für die Anfertigung professioneller Fotografien von Abgüssen der Humanfossilien und Oliver Iserloh für die Erstellung von Grafiken. Darüber hinaus danken wir den folgenden Personen, die Abbildungsmaterial zur Verfügung gestellt haben: Takeru Akazawa, David L. Brill, Michel Brunet, Nicholas Conard, Thomas Ernsting, Francesco d'Errico, Michèle Julien, Erwin Keefer, Adrie und Alfons Kennis, Giorgio Manzi, Andreas Pastoors, Burkhardt Pfeifroth, Marcia Ponce de Léon und Christoph Zollikofer, Ulrich Stodiek, Bettina Stoll-Tucker, Hartmut Thieme, Erik Trinkaus, Javier Trueba, Bernhard Vandermeersch und Stefan Veil. Den Mitarbeiterinnen und Mitarbeitern vom Theiss Verlag und vom Verlagsbüro Wais & Partner danken wir für die gute Zusammenarbeit.

Vor allem aber danken wir Dieter Auffermann für die Anfertigung von Zeichnungen und Aquarellen und für die kritische Durchsicht des Manuskriptes.

Die Autoren

Bärbel Auffermann
geb. 1964, Studium der Ur- und Frühgeschichte an den Universitäten Münster und Tübingen. Promotion 1996 in Tübingen. 1995 bis 1996 beteiligt an Aufbau und Konzeption des Neanderthal Museums. Seit 1997 stellvertretende Direktorin des Neanderthal Museums.

Jörg Orschiedt
geb. 1963, Studium der Ur- und Frühgeschichte an den Universitäten Mainz und Tübingen. Promotion 1996 in Tübingen. 1995 bis 1996 beteiligt am Aufbau des Neanderthal Museums, bis 1999 wissenschaftlicher Mitarbeiter am Neanderthal Museum. 1999 Forschungsstipendium der Deutschen Forschungsgemeinschaft. Seit 1999 wissenschaftlicher Assistent am Archäologischen Institut der Universität Hamburg.

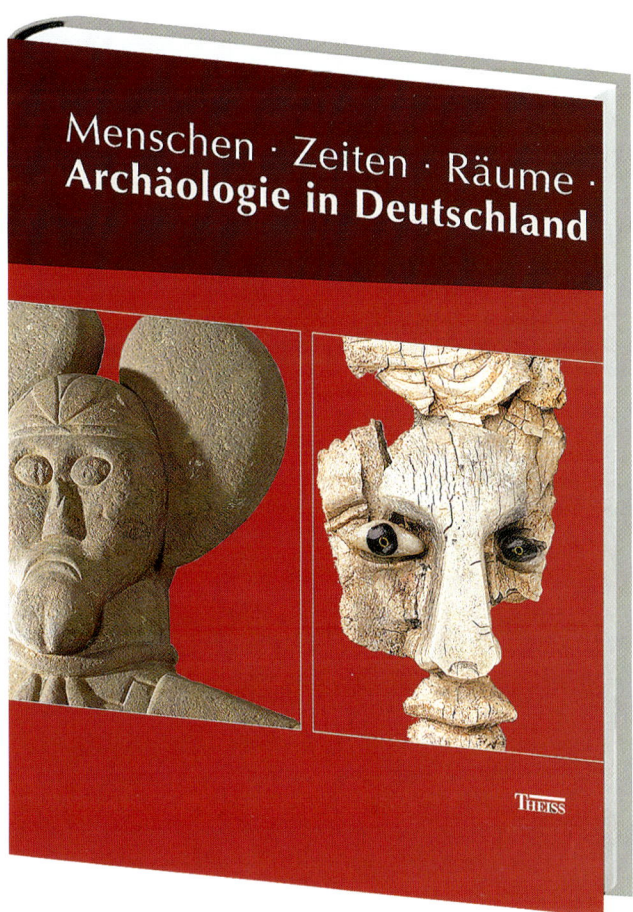

Spuren der Jahrtausende
Archäologie und Geschichte in Deutschland

Dieser opulent ausgestattete Geschichtsband dokumentiert in über 800 farbigen Bildern und ca. 30 großformatigen Aquarellen das Leben in Deutschland von der ältesten Steinzeit bis ins christliche Mittelalter. Namenlose Völker, Kelten, Römer, Germanen, Slawen und Deutsche folgen aufeinander. Ihr Werden und Vergehen hinterließ unverwechselbare Spuren im Boden. Eindrucksvolle Grabhügel oder Befestigungen setzen noch heute Akzente in der Landschaft. Hausrat, Werkzeuge, Waffen und kunstvolle Schmuckstücke zeigen schöpferisches Können der Menschen durch alle Zeiten. Gleichzeitig geben Archäologen Einblick in ihre Forschungen, die sich modernster Methoden der Naturwissenschaften bedienen, ohne die Mühe mit Spaten und Kelle im Gelände sowie langwierige Kleinarbeit an fragilen Objekten zu vergessen.

Hrsg. von der Römisch-Germanischen Kommission des Deutschen Archäologischen Instituts. 540 Seiten mit über 800 meist farbigen Abbildungen.

Menschen – Zeiten – Räume
Archäologie in Deutschland

Der reich illustrierte Begleitband zur großen Ausstellung in Berlin und Bonn präsentiert die bedeutendsten archäologischen Entdeckungen und Ausgrabungsergebnisse der vergangenen 25 Jahre aus Deutschland.
In knapp 100 Beiträgen schildern über 80 Autoren aus allen Bereichen der Archäologie den neuesten Stand des Wissens über die Vor- und Frühgeschichte Deutschlands.
Das Buch richtet sich an ein breites Publikum und bietet einen vorzüglichen Überblick über die wichtigsten Funde und Fundorte sowie die Methoden, Ziele und Aufgaben der Bodendenkmalpflege. Mehr als 5000 Funde geben einen faszinierenden Einblick in die Erd- und Menschheitsgeschichte. Der zeitliche Bogen erstreckt sich dabei vom Erdaltertum bis in die Moderne.

Hrsg. vom Verband der Landesarchäologen in der Bundesrepublik Deutschland gemeinsam mit der Stiftung Preußischer Kulturbesitz. 400 Seiten mit 800 meist farbigen Abbildungen.

THEISS

Medizin in der Antike

Aus einer Welt ohne Aspirin und Narkose

Vor nur 200 Jahren wurden Goethe, Napoleon oder Blücher nicht viel besser medizinisch versorgt als ein Konsul oder ein Legionskommandeur der Römer vor knapp 2000 Jahren. Nicht erst seit Hippokrates, sondern von der Zeit der Frühen Hochkulturen bis zur Römerzeit machten Ärzte und Heilkundige im Altertum durch Aufsehen erregende Leistungen Furore. Ernst Künzl berichtet von diesen Fortschritten und kommt dabei zu überraschenden Ergebnissen.

Und er weist auch nach, woher wir unsere Kenntnisse über die Medizin der Antike haben. So erläutert er am Beispiel von Pompeji und den dort nachweisbaren 25 Arzthäusern und Instrumentenfunden die üppige medizinische Versorgung einer römischen Stadt.

Eine vergleichbare Ärztedichte (ein Arzt auf ca. 500 Einwohner) wurde erst wieder im 20. Jahrhundert erreicht.

Von Ernst Künzl. 120 Seiten mit 110 meist farbigen Abbildungen.

Lebendige Eiszeit

Klima und Tierwelt im Wandel

Mammut, Wollnashorn und Riesenhirsch, Moschusochse und Vielfraß, aber auch Waldelefant, Löwe, Flusspferd und Wasserbüffel – sie alle lebten während der letzten 150 000 Jahre in Mitteleuropa.
Dieses Buch gibt einen Einblick in die Geschichte und Vielfalt der Säugetiere des jüngeren Eiszeitalters.
Der Wechsel von Warmzeiten, in denen – wie heute – Laubwälder Mitteleuropa bedeckten, und Kaltzeiten, in denen Gletscher von Skandinavien bis nach Berlin oder Leipzig vordrangen, hat in den letzten 150 000 Jahren große Umwälzungen in der Fauna und Flora mit sich gebracht.
Mit Hilfe von Fossilfunden, mit einzelnen Zähnen oder Knochen, ja sogar mit Fährten, aber auch mit den Höhlenmalereien und Schnitzereien der frühen Menschen rekonstruiert der Autor die Vielfalt der heimischen Säugetiere, ihre Besonderheiten und Lebensweisen.

Von Wighart von Koenigswald. 208 Seiten mit 200 farbigen Abbildungen.